21世纪高职高专规划教材

数控技术系列

线切割及电火花编程与操作实训教程

周旭光 佟玉斌 卢登星 编著

清华大学出版社

北京

内 容 简 介

本书将线切割、电火花加工中必要的理论知识和技能操作有机组合在一起,二者相辅相成。在介绍线切割、电火花加工中必备理论的基础上,详细叙述了电火花、线切割加工中编程,电极的装夹、定位,电极丝的穿丝及垂直度的校正方法等具体内容,以及多个电火花线切割操作、编程实例。

本书共分 6 章,内容包括线切割加工编程、线切割机床操作、电火花机床操作、电加工机床安全操作规程等。

本书适合作为高职高专模具、机械、数控技术应用等专业教材,以及电火花、线切割机床操作工的职业培训用书,也可供从事模具制造等行业的专业人员参考。

图书在版编目(CIP)数据

线切割及电火花编程与操作实训教程/周旭光,佟玉斌,卢登星编著.—北京:清华大学出版社,2006.9
(2025.1重印)
(21 世纪高职高专规划教材.数控技术系列)
ISBN 978-7-302-13387-2

Ⅰ. 线… Ⅱ. ①周… ②佟… ③卢… Ⅲ.①电火花线切割-机床-程序设计-高等学校:技术学校-教材 ②电火花线切割-机床-操作-高等学校:技术学校-教材 Ⅳ. TG484

中国版本图书馆 CIP 数据核字(2006)第 077576 号

责任编辑:付 迎 束传政
责任印制:丛怀宇

出版发行:清华大学出版社
　　　　网　　　址:https://www.tup.com.cn,https://www.wqxuetang.com
　　　　地　　　址:北京清华大学学研大厦 A 座　　　　邮　编:100084
　　　　社 总 机:010-83470000　　　　邮　购:010-62786544
　　　　投稿与读者服务:010-62776969,c-service@tup.tsinghua.edu.cn
　　　　质 量 反 馈:010-62772015,zhiliang@tup.tsinghua.edu.cn
印 装 者:三河市铭城印务有限公司
发 行 者:全国新华书店
开　　本:185mm×230mm　　　印　张:10.25　　　字　数:208 千字
版　　次:2006 年 9 月第 1 版　　　印　次:2025 年 1 月第 24 次印刷
定　　价:29.00 元

产品编号:016434-03/TH

"高职高专数控技术系列教材建设指导委员会"名单

焦金生　　清华大学出版社副总编

钟约先　　清华大学机械工程学院副院长

（以下按姓氏笔划为序）

刘　义　　武汉船舶职业技术学院副院长

刘小芹　　武汉职业技术学院副院长

刘守义　　深圳职业技术学院工业中心主任

刘惠坚　　广东机电职业技术学院院长

陈传伟　　成都电子机械高等专科学校副校长

李康举　　沈阳工业学院应用技术学院机械系主任

杜建根　　河南工业职业技术学院副院长

杨兴华　　常州轻工职业技术学院党委书记

金潇明　　湖南工业职业技术学院院长

姚和芳　　湖南铁道职业技术学院副院长

温金祥　　烟台职业学院副院长

"高职高专数控技术系列教材建设专家组"名单

（按姓氏笔划为序）

王　浩	广东机电职业技术学院
冯小军	深圳职业技术学院
乔西铭	广东机电职业技术学院机电工程系主任
刘　敏	烟台职业学院机械系主任
李望云	武汉职业技术学院机械系主任
邱士安	成都电子机械高等专科学校机电系主任
陈少艾	武汉船舶职业技术学院机械系主任
周　虹	湖南铁道职业技术学院副教授
唐建生	河南工业职业技术学院机械系主任
彭跃湘	湖南工业职业技术学院机械系副主任
谢永宏	深圳职业技术学院先进制造系主任

出版说明

　　高职高专教育是我国高等教育的重要组成部分,担负着为国家培养并输送生产、建设、管理、服务第一线高素质技术应用型人才的重任。

　　进入 21 世纪后,高职高专教育的改革和发展呈现出前所未有的发展势头,学生规模已占我国高等教育的半壁江山,成为我国高等教育的一支重要的生力军;办学理念上,"以就业为导向"成为高等职业教育改革与发展的主旋律。近两年来,教育部召开了三次产学研交流会,并启动四个专业的"国家技能型紧缺人才培养项目",同时成立了 35 所示范性软件职业技术学院,进行两年制教学改革试点。这些举措都表明国家正在推动高职高专教育进行深层次的重大改革,向培养生产、服务第一线真正需要的应用型人才的方向发展。

　　为了顺应当前我国高职高专教育的发展形势,配合高职高专院校的教学改革和教材建设,进一步提高我国高职高专教育教材质量,在教育部的指导下,清华大学出版社组织出版了"21 世纪高职高专规划教材"。

　　为推动规划教材的建设,清华大学出版社组织并成立了"高职高专教育教材编审委员会",旨在对清华版的全国性高职高专教材及教材选题进行评审,并向清华大学出版社推荐各院校办学特色鲜明、内容质量优秀的教材选题。教材选题由个人或各院校推荐,经编审委员会认真评审,最后由清华大学出版社出版。编审委员会的成员皆来源于教改成效大、办学特色鲜明、师资实力强的高职高专院校、普通高校以及著名企业,教材的编写者和审定者都是从事高职高专教育第一线的骨干教师和专家。

　　编审委员会根据教育部最新文件和政策,规划教材体系,比如部分专业的两年制教材;"以就业为导向",以"专业技能体系"为主,突出人才培养的实践性、应用性的原则,重新组织系列课程的教材结构,整合课程体系;按照教育部制定的"高职高专教育基础课程教学基本要求",教材的基础理论以"必要、够用"为度,突出基础理论的应用和实践技能的培养。

　　本套规划教材的编写原则如下:

　　(1) 根据岗位群设置教材系列,并成立系列教材编审委员会;

　　(2) 由编审委员会规划教材、评审教材;

　　(3) 重点课程进行立体化建设,突出案例式教学体系,加强实训教材的出版,完善教学服务体系;

　　(4) 教材编写者由具有丰富教学经验和多年实践经历的教师共同组成,建立"双师型"编者体系。

　　本套规划教材涵盖了公共基础课、计算机、电子信息、机械、经济管理以及服务等大类的主要课程,包括专业基础课和专业主干课。目前已经规划的教材系列名称如下:

- **公共基础课**

　　公共基础课系列

- **计算机类**

　　计算机基础教育系列

　　计算机专业基础系列

　　计算机应用系列

　　网络专业系列

　　软件专业系列

　　电子商务专业系列

- **电子信息类**

　　电子信息基础系列

　　微电子技术系列

　　通信技术系列

　　电气、自动化、应用电子技术系列

- **机械类**

　　机械基础系列

　　机械设计与制造专业系列

　　数控技术系列

　　模具设计与制造系列

- **经济管理类**

　　经济管理基础系列

　　市场营销系列

　　财务会计系列

　　企业管理系列

　　物流管理系列

　　财政金融系列

　　国际商务系列

- **服务类**

　　艺术设计系列

　　本套规划教材的系列名称根据学科基础和岗位群方向设置,为各高职高专院校提供"自助餐"形式的教材。各院校在选择课程需要的教材时,专业课程可以根据岗位群选择系列;专业基础课程可以根据学科方向选择各类的基础课系列。例如,数控技术方向的专业课程可以在"数控技术系列"选择;数控技术专业需要的基础课程,属于计算机类课程的可以在"计算机基础教育系列"和"计算机应用系列"选择,属于机械类课程的可以在"机械基础系列"选择,属于电子信息类课程的可以在"电子信息基础系列"选择。依此类推。

　　为方便教师授课和学生学习,清华大学出版社正在建设本套教材的教学服务体系。本套教材先期选择重点课程和专业主干课程,进行立体化教材建设:加强多媒体教学课件或电子教案、素材库、学习盘、学习指导书等形式的制作和出版,开发网络课程。学校在选用教材时,可通过邮件或电话与我们联系获取相关服务,并通过与各院校的密切交流,使其日臻完善。

　　高职高专教育正处于新一轮改革时期,从专业设置、课程体系建设到教材编写,依然是新课题。希望各高职高专院校在教学实践中积极提出意见和建议,并向我们推荐优秀选题。反馈意见请发送到 E-mail:gzgz@tup.tsinghua.edu.cn。清华大学出版社将对已出版的教材不断地修订、完善,提高教材质量,完善教材服务体系,为我国的高职高专教育出版优秀的高质量的教材。

高职高专教育教材编审委员会

前 言

从宏观上讲,电火花加工包括电火花成形加工和电火花线切割加工,两者工作原理一样。在实际加工中,常常将电火花成形加工简称为电火花加工,电火花线切割加工简称为线切割加工。电火花、线切割加工都属于特种加工,其主要特点是通过火花放电产生的热熔化去除金属来实现加工的。电火花、线切割加工广泛应用于模具制造行业,并随着模具制造业的发展在中国越来越普及。

本书是根据当前广大从事模具制造业的相关人员的需要而编写的,系统讲述了线切割、电火花加工的具体实际操作要点及必备的理论知识。全书分6章,主要介绍了线切割加工机床的分类及结构、线切割加工编程、线切割机床操作、电火花加工机床的分类及结构、电火花机床操作、电火花和线切割机床安全操作规程等。

本书的特色:

(1)每章包含必要的理论知识和实训项目,二者相辅相成;

(2)内容实用,力图在理论知识讲解上做到必需够用,实际操作知识上做到与实际生产无缝连接,详细叙述了电火花和线切割加工中编程、电极的装夹、精确定位、电极丝的穿丝及垂直度的校正方法等内容;

(3)本书具有丰富的实例。各章有线切割和电火花加工的多种实例,期望读者能够在阅读本书后,经过最简单的实际上机培训快速正确地操作线切割、电火花机床。

本书由成都电子机械高等专科学校卢登星(第1章、第3章、第6章6.2节)、烟台职业技术学院佟玉斌(第2章)、深圳职业技术学院周旭光(第4章、第5章、第6章6.1节)编写,最后由周旭光统稿。

由于编者水平有限,经验不足,书中难免有错误和不足之处,敬请读者批评指正。

编 者

2006 年 6 月

目　录

电火花线切割机的分类及结构特点

1.1　电火花线切割机的分类

电火花线切割加工的基本原理是用移动的细金属导线(铜丝或钼丝)作电极,对工件进行脉冲火花放电,切割成形。

根据电极丝的移动速度即走丝速度,电火花线切割机通常分为两大类:一类是高速走丝电火花线切割机或往复走丝电火花线切割机(又称快走丝,WEDM-HS),如图 1-1 所示。这类机床的电极作高速往复运动,一般走丝速度为 8~10m/s,这是我国生产和使用的主要机种,也是我国独创的电火花线切割加工模式,用于加工中、低精度的模具和零件。另一类是低速走丝电火花线切割机或单向走丝电火花线切割机(又称慢走丝,WEDM-LS),

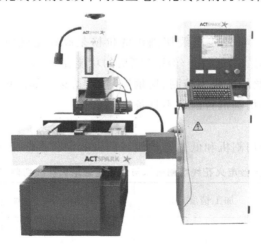

图 1-1　高速走丝电火花线切割机床

如图 1-2 所示。这类机床的电极丝作低速单向运动,一般走丝速度低于 0.2m/s,这是国外生产和使用的主要机种,用于加工高精度的模具和零件,主要生产厂家有瑞士阿奇夏米尔公司、日本沙迪克公司等。

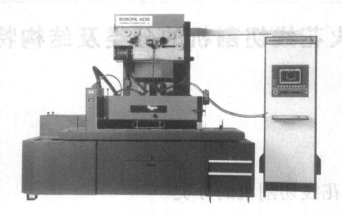

图 1-2　低速走丝电火花线切割机床

高速走丝线切割机与低速走丝电火花线切割机的主要区别如下:

(1) 结构

走丝系统是结构上的主要区别,低速走丝电火花线切割机的电极丝是单向移动,一端是放丝轮,一端是收丝轮,加工区的电极丝是由高精度的导向器定位;高速走丝电火花线切割机的电极丝是往复移动,电极丝的两端都固定在储丝筒上,因其走丝速度高,加工区的电极丝由导轮定位。

(2) 功能

以机床的价位比较,低速走丝线切割机的价格是高速走丝电火花线切割机的 10～100 倍。从性价比的角度看,低速走丝线切割机的功能完善、先进、可靠。例如,对于控制系统的闭环控制、电极丝的恒张力控制、拐角控制、自动穿丝等高精度加工的常用功能,大多数高速走丝电火花线切割机目前还不具备。

(3) 工艺指标

高速走丝电火花线切割机和低速走丝线切割机的工艺指标见表 1-1。

表 1-1　高速走丝电火花线切割机床与低速走丝电火花线切割机床工艺指标

工艺指标 机型	加工精度/μm	表面粗糙度(R_a)/μm	最大加工速度/(mm²/min)
低速走丝	0.2	0.1	300
高速走丝	1.5	2.5	120

　　20 世纪 80 年代初期,高速走丝电火花线切割机与低速走丝电火花线切割机在工艺指标上还各有所长,差距不明显。近二十年来,低速走丝电火花线切割机的发展很快,高速走丝电火花线切割机虽然在加工速度、大厚度切割方面有一定的提高,并在多次切割工艺上做了大量的实验和研究,但是在加工精度上仍然徘徊不前,从表 1-1 中可以看出,工艺指标方面已经差了一个档次。

　　我国电火花线切割机床型号是根据 JB/T 7445.2—1998《特种加工机床　型号编制方法》的规定编制的。例如,高速走丝电火花线切割机型号 DK7725 的机床的型号及主要技术参数含义如下:

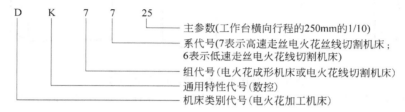

1.2　电火花线切割机的结构特点

1.2.1　高速走丝线切割机的结构特点

1. 组成

　　高速走丝线切割机(如图 1-3 所示)主要由机床、脉冲电源、控制系统三大部分组成。机床由床身、工作台、丝架、贮丝筒组成。电极线的移动是由线架和贮丝筒完成的,因此,丝架和贮丝筒也称为走丝系统。

　　工作台由上滑板 4 和下滑板 5 组成,线架由丝架 3 组成,贮丝筒由卷丝筒 1 和走丝溜板 2 组成。

　　(1) 床身部分

　　床身一般为铸件,是坐标工作台、绕丝机构及丝架的支承和固定基础,通常采用箱式结构,应有足够的强度和刚度。床身内部安置电源和工作液箱,考虑电源的发热和工作液泵的振动,有些机床将电源和工作液箱移出床身外另行安放。

　　(2) 坐标工作台部分

　　电火花线切割机床最终都是通过坐标工作台与电极丝的相对运动来完成对零件加工的。为保证机床精度,对导轨的精度、刚度和耐磨性有较高的要求。一般都采用“十”字滑板、滚动导轨和丝杆传动副将电动机的旋转运动变为工作台的直线运动,通过两个坐标方面各自的进给移动,可合成获得各种平面图形曲线轨迹。为保证工作台的定位精度和灵敏度,传动丝杆和螺母之间必须消除间隙。

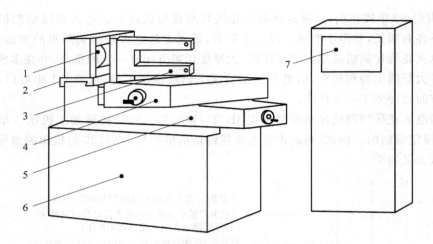

图 1-3　高速走丝线切割加工设备组成

1—卷丝筒；2—走丝溜板；3—丝架；4—上滑板；5—下滑板；6—床身；7—电源、控制柜

（3）走丝机构

走丝系统使电极丝以一定的速度运动并保持一定的张力。在高速走丝机床上，一定长度的电极丝平整地卷绕在贮丝筒上（如图 1-4 所示），丝张力与排绕时的拉紧力有关（为提高加工精度，近来已研制出恒张力装置），贮丝筒通过联轴节与驱动电动机相连。为了重复使用该段电极丝，电动机由专门的换向装置控制作正反向交替运转。走丝速度等于贮丝筒周边的线速度，通常为 8～10m/s。在运动过程中，电极丝由丝架支撑，并依靠导轮保持电极丝与工作台垂直或倾斜一定的几何角度（锥度切割时）。

电火花线切割机是以线电极作为刀具对工件进行放电加工的，因此，使线电极移动的走丝系统就是电火花线切割机结构上的特有部分。

2. 走丝系统

高速走丝线切割机的走丝系统如图 1-4 所示。

（1）导轮

图 1-4 的导向轮 4 简称导轮。在线切割加工中电极丝的丝速通常为 8～10m/s，如采用固定导向器来定位高速运动的电极丝，即使是高硬度的金刚石，使用寿命也很短。因此，采用由滚动轴承支承的导轮，利用滚动轴承的高速旋转功能来承担电极丝的高速移动。

（2）导电器

高频电源的负极通过导电器与高速运行的电极丝连接。因此，导电器必须耐磨，而且接触电阻要小。由于切割微粒粘附在电极丝上，导电器磨损后拉出一条凹槽，凹槽会增加电极丝与导电器的摩擦，加大电极丝的纵向振动，影响加工精度和表面粗糙度，因此，导电

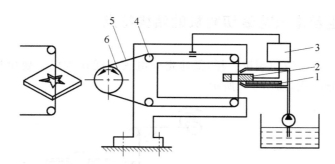

图 1-4　电火花线切割机走丝系统
1—绝缘底板；2—工件；3—脉冲电源；4—导向轮；5—钼丝；6—贮丝筒

器要能多次使用。高速走丝电火花线切割机的导电器有两种：一种是圆柱形的，电极丝与导电器的圆柱面接触导电，可以轴向移动和圆周转动以满足多次使用的要求；另一种是方形或圆形的薄片，电极丝与导电器的大面积接触导电，方形薄片的移动和圆形薄片的转动可满足多次使用的要求。导电器的材料都采用硬质合金，既耐磨又导电。此外，为了保证电极丝与导电块接触的可靠，有的导电器采用了弹性结构。

（3）张力调节器

在加工时电极因往复运行，经受交变应力及放电时的热轰击，被伸长了的电极丝的张力减小，影响了加工精度和表面粗糙度。若没有张力调节器，就需人工紧丝，如果加工大工件，中途紧丝就会在加工表面形成接痕，影响表面粗糙度。张力调节器的作用就是把伸长的丝收入张力调节器，使运行的电极丝保持在一个恒定的张力上，也称恒张力机构。

张力调节器如图 1-5 所示。张紧重锤 2 在重力作用下，带动张丝滑块 4，两个张紧轮 5 沿导轨移动，始终保持电极丝处于拉紧状态，保证加工平稳。

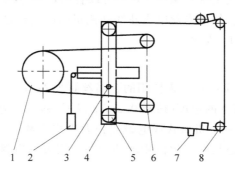

图 1-5　导丝系统组成
1—贮丝筒；2—重锤；3—固定插销；4—张丝滑块；5—张紧轮；6—导轮；7—导电块；8—导轮

1.2.2　低速走丝电火花线切割机的结构特点

1. 组成

与高速电火花走丝线切割机一样,低速走丝电火花线切割机主要由机床、脉冲电源、控制系统三大部分组成,如图 1-6 所示。

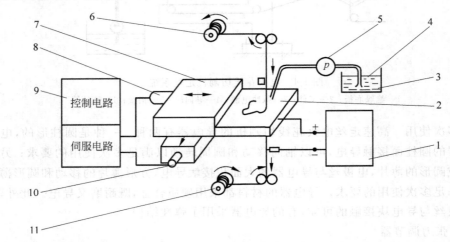

图 1-6　低速走丝电火花线切割机加工设备组成

1—脉冲电源；2—工件；3—工作液箱；4—去离子水；5—泵；6—新丝放丝卷筒；

7—工作台；8—X 轴电动机；9—数控装置；10—Y 轴电动机；11—废丝卷筒

低速走丝电火花线切割机的数控装置 9 与工作台 7 组成闭环控制,提高了加工精度。为了保证电介液的电阻率和加工区的热稳定,适应高精度加工的需要,去离子水 4 配备有一套过滤、空冷和离子交换系统。从图 1-6 中可以看出,与高速走丝电火花线切割机相比主要的区别仍是走丝系统,低速走丝电火花线切割机的电极丝是单向运行的,由新丝放丝卷筒 6 放丝,由废丝卷筒 11 收丝。

2. 走丝系统

低速走丝系统如图 1-7 所示。未使用的金属丝筒 2(绕有 1~3kg 金属丝)靠废丝卷丝轮 1 的转动使金属丝以较低的速度(通常 0.2m/s 以下)移动。为了提供一定的张力(2~25N),在走丝路径中装有一个机械式或电磁式张力机构 4 和 5。为实现断丝时自动停车并报警,走丝系统中通常还装有断丝检测微动开关。用过的电极丝集中到卷丝筒上或送到专门的收集器中。

为减轻电极丝的振动,应使其跨度尽可能小(按工件厚度调整),通常在工件的上下采用蓝宝石 V 形导向器或圆孔金刚石模块导向器,其附近装有引电部分,工作液一般通过引电区和导向器再进入加工区,可使全部电极丝通电部分都能冷却。性能较好的机床上

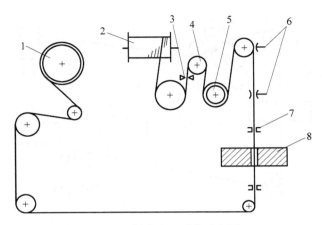

图 1-7　低速走丝系统示意图

1—废丝卷丝轮；2—未使用的金属丝筒；3—拉丝模；4—张力电动机；
5—电极丝张力调节轴；6—退火装置；7—导向器；8—工件

还装有靠高压水射流冲刷引导的自动穿丝机构，它能使电极丝经一个导向器穿过工件上的穿丝孔而被传送到另一个导向器，在必要时也能自动切断并再穿丝，为无人连续切割创造了条件。

（1）导向器

在图 1-7 中，加工区两端的导向器 7 是保持加工区电极丝位置精度的关键零件，与高速走丝电火花线切割机相比，低速走丝电火花线切割机的走丝速度要低 50 倍左右。因此，采用高硬度的蓝宝石或金刚石作为固定导向器，但是导向器仍然会被磨损，也要求能够多次使用。

导向器的结构有两种：一种是 V 形导向器，用两个对顶的圆截锥形组合成 V 形，加上一个作封闭用的长圆柱，形成完整的三点式导向，在接触点磨损后，转动圆截锥形和长圆柱，可满足多次使用的要求。另一种是模块导向器，模块的导向孔对电极丝形成全封闭、无间隙导向，定位精度高，但是导向器磨损后须更换，有的机床把 V 形导向器和模块导向器组合在一起使用，称复合式导向器。

（2）张力控制系统

张力控制系统如图 1-8 所示，这种张力控制系统是利用电极丝的移动速度来控制电极丝的张力的，如加工区的张力小于设定张力，则设定张力的直流电机就增大放丝阻力。调整加工区的张力到设定张力，采用一个有效的阻尼系统将电极丝的振动幅度降到最低。在精加工时，该系统对提高电极丝的位置精度有很大作用。

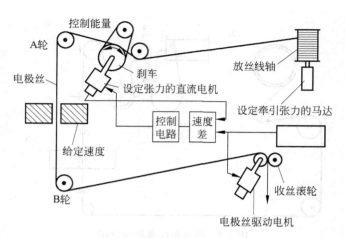

图 1-8　张力控制系统

（3）自动穿丝装置

在放丝卷筒换新丝、意外断丝、多孔加工时，都需要把丝重新穿过上导向器、工件起始孔、下导向器。高压空气即穿丝气流首先将电极丝通过导向孔穿入导向器，然后依靠高压水流形成的负压，将电极丝在高压冲液水柱的包络下穿入导向器，接着采用搜索功能，电极丝的尖端在搜索中找到工件起始孔的位置，并可靠地自动插入直径只有 0.3mm 的起始孔。

1.3　电火花线切割机的常用功能

线切割机床通常具有如下功能：

（1）行程限位功能

在工作台的 X，Y 行程和线架的 Z 行程的极限位置上，设有限位行程挡块（机械限位），有的机床还设有限位行程开关，在加工到极限位置时可自动停机。

（2）齿隙补偿功能

在工作台 X，Y 向的进给传动系统中，齿轮和滚珠丝杆都存在倒向间隙，在切割中造成误差时，控制系统齿隙补偿功能对倒向间隙进行补偿，即倒向时多走一个输入的齿隙补偿量，消除因齿隙造成的误差。实际上，因为全行程上的齿隙是变化的，所以不能完全消除齿隙造成的误差。

（3）偏移量补偿功能

加工程序是按照电极丝中心轨迹运行的，线切割加工时的切缝宽度等于电极丝直径加上双边的放电间隙,因此,按照加工零件的轮廓编制程序后,就需输入一个切缝宽度一半的偏移量,使加工轨迹按电极丝中心轨迹运行。可以看出,偏移量是由电极丝直径和放电间隙确定的。而电极丝直径与电极丝的丝耗有关,放电间隙与脉冲电源的参数和加工材料、工作液的浓度有关,因此,加工高精度零件时,切缝宽度需经实验确定。

（4）任意旋转和平移功能

对于在圆周上有相同几何要素的零件,可以用任意旋转功能简化编程。例如齿轮,只编一个齿形的程序,运用任意旋转功能就可以加工整个齿轮。同理,运用任意平移功能,编制一个齿形的程序,可以加工整个齿条。

（5）自动对中心功能

当零件以孔（圆孔、方孔）为工艺基准时,就必须找到电极丝在孔中心的 X,Y 坐标,自动对中心功能就能使电极丝位于孔中心。孔的粗糙度越低,孔越清洁,电极丝对中的精度越高。

（6）逆向加工功能

当零件的加工已超过一半或接近完成时,若出现断丝,就可运用逆向加工功能,把电极丝退回到加工起点,从最末一段程序开始进行逆向加工,完成未切割部分的程序,可以节省时间。

（7）停电记忆功能

当在加工零件时停电时,因具有停电记忆功能,来电后就可以接着停电以前的加工断点继续加工。该功能对于大工件的加工非常必要,否则,会花费很多时间从起点运行程序,或影响加工质量。

（8）加工结束停机功能

加工结束时,机床的贮丝筒电机和水泵电机、控制系统、脉冲电源,以及整机处于自动停机状态,该功能有利于多机操作或大工件切割。

除了电火花线切割机床的基本功能外,为了提高加工精度和加工速度,降低表面粗糙度,低速走丝线切割机在功能完善和扩展方面进展很快,除了前面提到的自动穿丝功能、电机伺服闭环张力控制功能、专家系统外,还有拐角控制功能。

实训 1　线切割机床操作面板实训

1. 实训目的

熟悉线切割机床面板的操作。

2．实训设备

高速走丝电火花线切割机床(本书以北京阿奇 FW 型电火花线切割机床为例)。

3．实训内容

在理解数控脉冲电源面板、数控盒操作面板的各个按钮的基础上,仔细上机操作这些按钮,验证并加深理解这些按钮的用法。

(1)控制面板的认识

控制面板是线切割加工中最主要的人机交换界面,各个线切割机床的控制面板大同小异,表 1-2 为控制界面常见组件及功能。

(2)手控盒的操作(见表 1-3)

表 1-2　手控盒使用方法

画　面　图	组件名称	作用及使用方法
	CRT 显示器	显示人机交换的各种信息,如坐标、程序
	电压表	指示加工时流过放电间隙两端的平均电压(即加工电压)
	电流表	指示加工时流过放电间隙两端的平均电流(即加工电流),当加工稳定时,电流表指针稳定;加工不稳定时,电流表指针急剧左右摆动
	主电源开关	合上后,机床通电。不用时,要关断
	启动按钮	绿色按钮按下后,灯亮,机器启动。在加工中,首先合上主电源开关,再按绿色启动按钮
	急停按钮	红色蘑菇状按钮,在加工中遇到紧急情况即按此按钮,机器立即断电并停止工作。机器要重新启动时,必须顺时针拧出急停按钮,否则按启动按钮机器也不能启动
	键盘	与普通计算机相同
	鼠标	与普通计算机相同
	手控盒	具体用法见表 1-3
	软盘驱动器	与普通计算机相同,在线切割中主要用来读写图形文件。如当切割较复杂零件时,线切割自带的绘图软件不方便绘制,可以先用 AutoCAD 等绘图软件绘制,然后存在软盘里通过软盘驱动器输入

表 1-3　手控盒使用方法

手 控 盒	键	作用及使用方法
	⇉ → →	点移动速度键:分别代表高、中、低速,与 X、Y、Z 坐标键配合使用,开机为中速。在实际操作中如果选择了点动高速挡,使用完毕后,最好习惯性地选择点动中速挡
	+X −X +Y −Y +Z −Z +U/+C −U/−C	点动移动键:指定轴及运动方向。定义如下:面对机床正面,工作台向左移动(相当于电极丝向右移动)为+X,反之为−X;工作台移近工作台为+Y,远离为−Y;U 轴与 X 轴平行,V 轴与 Y 轴平行,方向定义与 X、Y 轴相同。点动移动键要与点移动速度键结合使用。如要高速向+X 方向移动,则先选择高速点移动速度键⇉,再按住点移动键 +X。+Z、−Z、+C、−C 在线切割机中无效
	✎	PUMP 键:加工液泵开关。按下开泵,再按停止,开机时为关。开泵功能与 T84 代码相同,关闭液泵功能与 T85 代码相同
	⬓	忽略解除感知键:当电极丝与工件接触后,按住此键,再按手控盒上的轴向键,能忽略接触感知继续进行轴的移动,此键仅对当前的一次操作有效。此键功能与 M05 代码相同
	‖	HALT(暂停)键:在加工状态,按下此键将使机床动作暂停。此键功能与 M00 代码相同
	ⅈ	ACK(确认)键:在出错或某些情况下,其他操作被中止,按此键确认。系统一般会在屏幕上提示
	⊣⊢	WR 键:启动或停止丝筒运转。按下运转(相当于 T86 代码),再按停止(相当于 T87 代码)
	❙	ENT(确认)键:开始执行 NC 程序或手动程序,也可以按键盘上的 Enter 键
	R	RST(恢复加工)键:加工中按暂停键,加工暂停,按此键恢复暂停的加工
	⊘	OFF 键:中断正在执行的操作。在加工中一旦按OFF 键后确认中止加工,则按 RST(恢复加工)键不可以从中止的地方再继续加工,所以要慎重操作

注:其他键在本系统中无效,属于电火花成形机床使用键。在手动、自动模式,只要未按 F 功能键,未执行程序,即可用手控盒操作。注意:每次开、关机的时间间隔要大于 10 秒钟,否则有可能出现故障。

　　读者在理解上述用法后,在实训指导老师示范后独立操作练习手控盒的用法,并填写表 1-4。

表 1-4　手控盒实训项目表

按　　键	实 训 内 容	注意事项	心得体会
+X　-X +Y　-Y +Z　-Z	运用左边的点移动速度键和点动移动键,分别高速、中速、低速将机床向+X,-X,+Y,-Y 方向移动	防止电极丝与工作台或工件碰撞;使用完后一定要恢复到中速	
	学习 PUMP 键的用法	防止液体碰到身体上	
II　R	由指导老师运行一个加工程序,操作者再练习 HALT 和 RST 键的用法		
	电极丝与工件接触后,试着移动工作台,观察结果;再按下 RST 键,移动工作台,观察结果	防止电极与工件碰撞	
i	指导教师演示		
	指导教师演示		
	指导教师演示		

习题

1.1　试比较低速走丝电火花线切割机床与高速走丝电火花线切割机床的异同点。

1.2　结合身边的线切割机床,说说线切割机床有哪些常用功能。

第 2 章

线切割加工编程

线切割机床的控制系统是按照人的"命令"去控制机床加工的,因此,必须事先把切割的图形,用机器所能接受的"语言"编排成指令。这项工作叫做数控线切割编程,简称编程。编写程序的格式有 ISO,3B,4B,EIA 等。本章介绍我国使用最多的 ISO 格式和 3B 格式,以及采用 YH 软件和 CAXA 线切割软件的自动编程。

2.1 ISO 编程

2.1.1 常用的 ISO 代码简介

ISO 格式是国际上通用的线切割程序格式,我国生产的线切割系统也正逐步采用 ISO 格式。

1. ISO 代码程序格式

一个完整的零件加工程序由多个程序段组成。一个程序段由若干个代码字组成。每个代码字由一个地址(用字母表示)和一组数字组成,有些数字还带有符号。如 G02 总称为字,其中 G 为地址,02 为数字组合。

每个程序都必须指定一个程序号,并编在整个程序的开始。程序号的地址为英文字母(通常设为 O,P,% 等),紧接着为 4 位数字,可编的范围为 0001~9999。如:O0018,P1532,%0965。

程序段由程序段号及各种字组成。其格式如下:

N0020 G03 X—20.0 Y20.0 I—30.0 J—10.0

N 为程序段号地址,程序段号可编的范围为 0001~9999。程序段号通常以每次递增 1 以上的方式编号,如 N0010,N0020,N0030,…,每次递增 10,其目的是留有插入新程序的余地。

G 为指令动作方式的准备功能地址,可指令插补、平面、坐标系等,其后续数字一般为两位数(00～99)。例如,G00,G02,G91(G 功能指令下面会详细介绍)。

尺寸坐标字主要用于指定坐标移动的数据,其地址符为:X,Y,Z,U,V,W,I,J,K,A等。如:X,Y,Z 指定到达点的直线尺寸坐标;I,J,K 指定圆弧中心坐标的数据;A 指定加工锥度的数据。

线切割 ISO 代码中还有其他一些常用代码,其形式和功能如下:

M 为辅助功能地址,其后续数字一般为两位数(00～99)。如 M02。

地址 T 用于指定操作面板上的相应动作的控制。如 T80 表示送丝,T81 表示停止送丝。

地址 D,H 用于指定补偿量。如 D0001 或者 H001 表示取 1 号补偿值。

地址 L 用于指定子程序的循环执行次数。如 L3 表示循环 3 次。

2. G 功能指令(准备功能指令)

G 功能是设立机床工作方式或控制系统工作方式的一种命令。对于不同的数控系统,G 代码、M 代码和 T 代码的功能并不完全相同。表 2-1 为日本 SODICK 公司生产的A350 数控电火花线切割机床常用 G 代码。

表 2-1　A350 数控电火花线切割机床常用 G 代码

代　码	功　能	代　码	功　能
G00	快速移动至指定位置	G42	电极丝向右补偿
G01	直线插补	G50	取消锥度倾斜
G02	顺时针圆弧插补	G51	电极丝向左锥度倾斜
G03	逆时针圆弧插补	G52	电极丝向右锥度倾斜
G04	暂停指令	G54	选择工作坐标系 1
G05	X 向镜像	G55	选择工作坐标系 2
G06	Y 向镜像	G56	选择工作坐标系 3
G07	Z 向镜像	G57	选择工作坐标系 4
G08	X/Y 轴转换	G58	选择工作坐标系 5
G09	取消镜像及 X/Y 轴转换	G59	选择工作坐标系 6
G17	选择 XOY 平面	G80	移动到接触感知处
G18	选择 XOZ 平面	G81	移动到机床的极限
G19	选择 YOZ 平面	G82	移动到机点与现坐标的一半处
G20	设定英制	G84	电极丝自动垂直校正
G21	设定公制	G90	绝对坐标指令
G40	取消电极丝补偿	G91	增量坐标指令
G41	电极丝向左补偿	G92	设定坐标原点

（1）G00（快速定位指令）

快速定位指令 G00 使电极丝按机床最快速度移动到指定位置。

格式：G00 X＿＿ Y＿＿

（2）G90,G91,G92（坐标指令）

G90：绝对坐标指令,采用本指令后,后续程序段的坐标值都应按绝对方式编程,即所有点的表示数值都是在编程坐标系中的点坐标值,直到执行 G91 为止。

格式：G90 X＿＿ Y＿＿

G91：相对坐标指令,采用本指令后,后续程序段的坐标值都应按增量方式编程,即所有点的表示数值均以前一个坐标位置作为起点来计算运动终点的位置矢量,直到执行 G90 为止。

格式：G91 X＿＿ Y＿＿

G92：设定坐标原点指令,指定电极丝起点坐标值。

格式：G92 X＿＿ Y＿＿

（3）G01（直线插补指令）

直线插补指令 G01 使电极丝从当前位置以进给速度移动到指定位置。

格式：G01 X＿＿ Y＿＿

例 1　如图 2-1 所示,电极丝从 A 点以进给速度移动到 B 点,试分别用绝对方式和相对方式编程。

已知：起点坐标为 A(20,−30),终点坐标为 B(80,45)。

按绝对方式编程：

N0010　G54　G90　G92　X20　Y−30;
N0020　G01　X80　Y45;

按相对方式编程：

N0010　G54　G91　G92　X20　Y−30;
N0020　G01　X60　Y75;

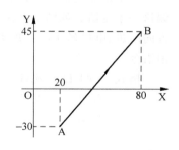

图 2-1　直线插补示意图

（4）G02,G03（圆弧插补指令）

圆弧插补指令 G02 和 G03 用于切割圆或圆弧,G02 为顺时针圆弧插补,G03 为逆时针圆弧插补。

格式：G02 X＿＿ Y＿＿ I＿＿ J＿＿
　　或　G02 X＿＿ Y＿＿ R＿＿
　　　　G03 X＿＿ Y＿＿ I＿＿ J＿＿
　　或　G03 X＿＿ Y＿＿ R＿＿

其中,X,Y 的坐标值为圆弧终点的坐标值。用绝对方式编程时,其值为圆弧终点的绝对坐标;用增量方式编程时,其值为圆弧终点相对于起点的坐标。I,J 为圆心坐标。用绝对方式或增量方式编程时,I 和 J 的值分别是在 X 方向和 Y 方向上,圆心相对于圆弧起点的距离。I,J 为 0 时可以省略。

在圆弧编程中,也可以直接给出圆弧的半径 R,而无需计算 I 和 J 的值。但在圆弧圆心角大于 180°时,R 的值应加负号(一)。R 方式只能用于非整圆编程,对于整圆,必须用 I 和 J 方式编程。

例 2 如图 2-2 所示,电极丝从 A 点沿着圆弧切割到 B 点,试分别用绝对方式和相对方式编程。

已知:起点坐标为 A(48.3,10),终点坐标为 B(20,50),圆心坐标为(20,20)。

按绝对方式编程:

N0010　G54　G90　G92　X48.3　Y10;

N0020　G03　X20　Y50　I−28.3　J10;

按相对方式编程:

N0010　G54　G91　G92　X48.3　Y10;

N0020　G03　X−28.3　Y40　I−28.3　J10;

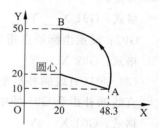

图 2-2　圆弧插补示意图

(5) G40,G41,G42(电极丝补偿指令)

为了消除电极丝半径和放电间隙对加工精度的影响,电极丝中心相对于加工轨迹需偏移一给定值。如图 2-3 所示,G41(左补偿)和 G42(右补偿)分别是指沿着电极丝运动的方向前进,电极丝中心沿加工轨迹左侧或右侧偏移一个给定值,G40(取消补偿)为补偿撤销指令。

格式:G41 D＿或 G41 H＿

　　　G42 D＿或 G42 H＿

　　　G40

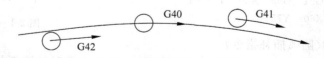

图 2-3　电极丝补偿示意图

(6) G50,G51,G52(锥度加工指令)

G50 为消除锥度,G51 为锥度左偏,G52 为锥度右偏。当顺时针加工时,G51 加工出来的工件上大下小,G52 加工出来的工件上小下大;当逆时针加工时,G51 加工出来的工件上小下大,G52 加工出来的工件上大下小。

格式：G51 A ＿＿

　　　 G52 A ＿＿

　　　 G50

（7）G05，G06，G07，G08，G09（镜像及转换指令）

这些指令对于加工一些对称性好的工件，可以利用原来的程序以节省时间。

G05 为 X 向镜像，函数关系为：X＝－X，示意图见图 2-4（a）。

G06 为 Y 向镜像，函数关系为：Y＝－Y，示意图见图 2-4（b）。

G08 为 X/Y 轴转换，函数关系为：X＝Y，示意图见图 2-4（c）。

G09 为取消镜像及 X/Y 轴转换。

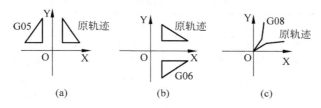

图 2-4　镜像及转换指令示意图

3. M 功能指令（辅助功能指令）

M 功能指令用于控制机床中辅助装置的开关动作或状态。表 2-2 为日本 SODICK 公司生产的 A350 数控电火花线切割机床常用 M 代码。

表 2-2　A350 数控电火花切割机床常用 M 代码

代　码	功　　能	代　码	功　　能
M00	程序暂停执行	M84	恢复脉冲放电
M01	程序有选择地暂停	M85	切断脉冲放电
M02	程序结束停止	M98	子程序调用
M05	忽视接触感知	M99	子程序结束，返回

M00 用于暂停程序的运行，等待机床操作者的干预，如检验、调整、测量等。待干预完毕后，按机床上的启动按钮，即可继续执行暂停指令后的加工程序。

M02 用于结束整个程序的运行，停止所有的 G 功能及与程序有关的一些运行开关。

M05 用于忽视接触感知。电极丝在定位时，要用 G80 代码使电极丝慢速接触工件，一旦接触到工件，机床就停止动作。若要再移动，一定要先输入 M05 代码，取消接触感知状态。

M98 用于调用子程序。在一个程序中，同样的程序段组会多次重复出现。若把这些程序段固定为一个程序，则可减少编程的繁琐，缩短程序长度，减少错误。这样固定的一个程序称为子程序,调用子程序的程序称为主程序。

M98 的格式为:M98 P(子程序的开始程序段号)L(循环次数)

M99 用于子程序结束。执行此代码,子程序结束,程序返回到主程序中去,继续执行主程序。

4. T 功能指令

T 代码与机床操作面板上的手动开关相对应。在程序中使用这些代码,可以不必人工操作面板上的手动开关。表 2-3 为日本 SODICK 公司生产的 A350 数控电火花线切割机床常用 T 代码。

表 2-3　A350 数控电火花线切割机床常用 T 代码

代　码	功　　能	代　码	功　　能
T80	电极丝送进	T86	加工介质喷淋
T81	电极丝停止送进	T87	加工介质停止喷淋
T82	加工介质排液	T90	切断电极丝
T83	保持加工介质	T91	电极丝穿丝
T84	液压泵打开	T96	向加工槽送液
T85	液压泵关闭	T97	停止向加工槽送液

读者学习实训 2 可进一步掌握本节内容。

2.1.2　ISO 代码编程

下面通过一些典型的实例来介绍 ISO 代码的编程。

例 3　试编制切割如图 2-5 所示图形的 ISO 代码程序。

解　由于图 2-5 所示图形是相对于坐标轴对称的、多次重复加工的图形,为简化程序,节省时间,编程时可采用镜像指令和子程序调用,具体编制如下:

```
N0001   G90   G92   X0   Y0;
N0002   G09;
N0003   M98   P1000;
N0004   G05;
N0005   M98   P1000;
N0006   G06;
N0007   M98   P1000;
N0008   G09;
N0009   G06;
N0010   M98   P1000;
N0011   M02;
N1000;
```

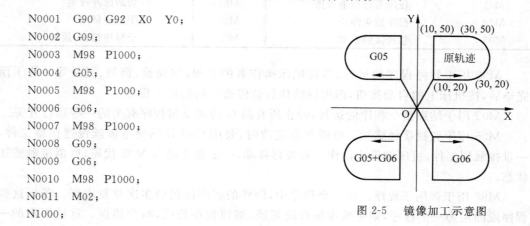

图 2-5　镜像加工示意图

```
N1001   G01   X10.0   Y20.0;
N1002   X30.0;
N1003   G03   X30.0   Y50.0   J15.0;
N1004   G01   X10.0;
N1005   G01   Y20.0;
N1006   M99;
```

例 4   如图 2-6(a)所示的矩形工件,其上有一直径 ϕ30mm 的圆孔,现由于某种需要欲将该孔扩大到 ϕ35mm。已知 AB,BC 边为设计、加工基准,电极丝直径为 0.18mm,试写出相应操作过程及加工程序。

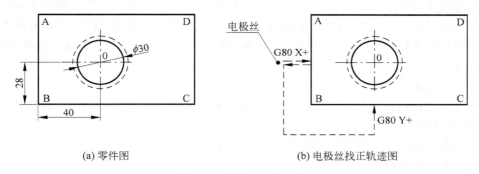

(a) 零件图   (b) 电极丝找正轨迹图

图 2-6   零件加工示意图

解   上面任务主要分两部分完成,首先将电极丝定位于圆孔的中心,然后写出加工程序。

电极丝定位于圆孔中心的有两种方法。

第一种方法:

如图 2-6(b)所示,首先电极丝碰 AB 边,X 值清零,再碰 BC 边,Y 值清零,然后解开电极丝到坐标值(40.09,28.09)。具体过程如下:

(1) 清理孔内部毛刺,将待加工零件装夹在线切割机床工作台上,利用千分表找正,尽可能使零件的设计基准 AB,AC 基面分别与机床工作台的进给方向 X,Y 轴保持平行;

(2) 利用手控盒或操作面板,将电极丝移到 AB 边的左边,保证电极丝与圆孔中心的 Y 坐标相近(尽量消除工件 ABCD 装夹不良带来的影响,理想情况下工件的 AB 边应与工作台的 Y 轴完全平行,而实际很难做到);

(3) 用 MDI 方式执行指令

```
G80   X+;
G92   X0;
M05   G00   X-2;
```

（4）利用手控盒或操作面板等方法，将电极丝移到 BC 边的下边，保证电极丝与圆孔中心的 X 坐标相近；

（5）用 MDI 方式执行指令

G80   Y+；

G92   Y0；

T90；   /仅适用慢走丝，目的是自动剪丝；对快走丝机床，则需手动解开电极丝

G00   X40.09   Y28.09；

（6）为保证定位准确，往往需要确认。具体方法是：在找到的圆孔中心位置用 MDI 或其他方法执行指令 G55 G92 X0 Y0；再按上所述步骤（1）～（5），重新找圆孔中心位置，并观察该位置在 G55 坐标系下的坐标值。若 G55 坐标系的坐标值与（0,0）相近或相同，则说明找正较准确，否则需要重新找正，直到最后两次中心孔在 G55 坐标系的坐标相近或相同时为止。

第二种方法：

将电极丝在孔内穿好，然后按下操作面板上的自动对中心按钮，即可自动找到圆孔的中心，具体过程为：

（1）清理孔内部毛刺，将待加工的零件装夹在线切割机床工作台上。

（2）将电极丝穿入圆孔中。

（3）按下自动对中心按钮找中心，记下该位置坐标值。

（4）再次按下自动对中心按钮找中心，对比当前的坐标和上一步骤得到的坐标值；若数字重合或相差很小，则认为找中心成功。

（5）若机床在找到中心后，自动将坐标值清零，则需要同第一种方法一样进行如下操作：在第一次自动找到圆孔中心时用 MDI 或其他的方法执行指令 G55 G92 X0 Y0；然后再用自动对中心按钮重新找中心，再观察重新找到的圆孔中心位置在 G55 坐标系下的坐标值。若 G55 坐标系的坐标值与（0,0）相近或相同，则说明找正较准确，否则需要重新找正，直到最后两次找正的位置在 G55 坐标系的坐标值相近或相同时为止。

两种方法比较：

利用自动对中心功能键操作简便，速度快，适用于圆度较好的孔或有对称形状的孔状零件加工，但若孔的圆度误差较大，则不宜采用。而利用设计基准找中心不但可以精确找到对称形状的圆孔、方孔等的中心，还可以精确定位于各种复杂孔形零件内的任意位置。所以，虽然该方法较复杂，但在用线切割修补塑料模具中仍得到了广泛的应用。

综上所述，线切割定位有两种方法，这两种方法各有优劣，但其中关键一点是要采用有效的手段进行确认。一般来说，线切割的找正要重复几次，至少保证最后两次找正位置的坐标值相同或相近。通过灵活采用上述方法，能够实现电极丝定位精度在 0.005mm 以内，从而有效地保证线切割加工的定位精度。

完成了电极丝在孔内的定位后,即可进行 φ35mm 孔的圆弧插补切割,由于程序较简单,这里省略。

例5　根据图 2-7 所示的锥度加工平面图和立体效果图及其加工的 ISO 程序,理解并总结锥度加工代码 G50,G51,G52 的用法。代码如下:

```
G92   X－5000   Y0；
G52   A2.5   G90   G01   X0；
G01   Y4700；
G02   X300   Y5000   I300；
G01   X9700；
G02   X10000   Y4700   J－300；
G01   Y－4700；
G02   X9700   Y－5000   I－300；
G01   X300；
G02   X0   Y－4700   J300；
G01   Y0；
G50   G01   X－5000；
M02；
```

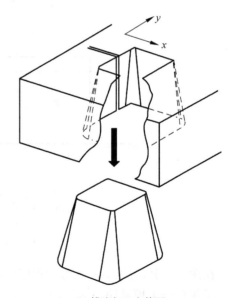

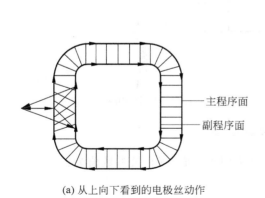

主程序面

副程序面

(a) 从上向下看到的电极丝动作

(b) 锥度加工立体图

图 2-7　锥度加工实例

上述锥度加工的实例,在锥度加工中的要点如下:

(1) G50,G51,G52 分别为取消锥度倾斜、电极丝左倾斜(面向水平面方向)、电极丝右倾斜。

(2) A 为电极丝倾斜的角度,单位为度。

(3) 取消锥度倾斜(G50)、电极丝左倾斜(G51)、电极丝右倾斜(G52)只能在直线上进行,不能在圆弧上进行。

(4) 为了实现锥度加工,必须在加工前设置相关参数,不同的机床需要设置的参数不同,如在沙迪克某机床需要设置 4 个参数(如图 2-8 所示):

工作台—上模具距离(即从工作台上面到上模具的距离);

工作台—主程序面距离(即从工作台上面到主程序面的距离,主程序面上的加工物的尺寸与程序中编制的尺寸一致,为优先保证尺寸);

工作台—副程序面距离(即从工作台上面到另一个有尺寸要求的面的距离,副程序面是另一个希望有尺寸要求的面,此面的尺寸要求低于主程序面);

工作台—下模具间距离(即从下模具到工作台上面的距离)。

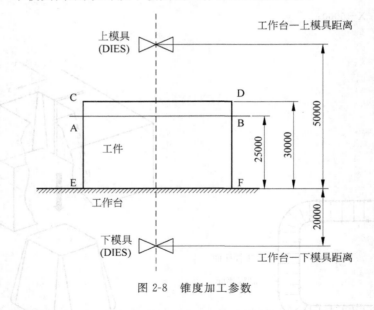

图 2-8 锥度加工参数

在图 2-8 中,若以 A—B 为主程序面,C—D 为副程序面,则相关参数值为:

工作台—上模具距离=50.000mm

工作台—主程序面距离=25.000mm

工作台—副程序面距离=30.000mm

工作台—下模具间距离=20.000mm

在图 2-8 中,若以 A—B 为主程序面,E—F 为副程序面,则相关参数值为:

工作台—上模具距离=50.000mm

工作台—主程序面距离=25.000mm

工作台—副程序面距离=0.000mm

工作台—下模具间距离=20.000mm

例 6　认真阅读下面 ISO 程序(北京阿奇 FW 系列快走丝机床的程序),并回答下列问题。程序代码如下:

```
H000＝＋00000000        H001＝＋00000100；
H005＝＋00000000；
T84  T86  G54  G90  G92  X＋0  Y＋0；  /(T84 为打开喷液指令；T86 为送电极丝)
C007；
G01  X＋4000  Y＋0；
G04  X0.0＋H005；
G41  H000；
C001；
G41  H000；
G01  X＋5000  Y＋0；
G04  X0.0＋H005；
G41  H001；
G03  X－5000  Y＋0  I－5000  J＋0；
G04  X0.0＋H005；
G03  X＋5000  Y＋0  I＋5000  J＋0；
G04  X0.0＋H005；
G40  H000  G01  X＋4000  Y＋0；
M00；/①
C007；
G01  X＋0  Y＋0；
G04  X0.0＋H005；
T85  T87；  /(T85 为关闭喷液指令；T87 为停止送电极丝)
M00；/ ②
M05  G00  X＋20000；
M05  G00  Y＋0；
M00；/③
H000＝＋00000000        H001＝＋00000100；
H005＝＋00000000；
T84  T86  G54  G90  G92  X＋20000  Y＋0；
C007；
G01  X＋16000  Y＋0；
```

G04   X0.0+H005；

G41   H000；

C001；

G41   H000；

G01   X+15000   Y+0；

G04   X0.0+H005；

G41   H001；

G02   X−15000   Y+0   I−15000   J+0；

G04   X0.0+H005；

G02   X+15000   Y+0   I+15000   J+0；

G04   X0.0+H005；

G40   H000   G01   X+16000   Y+0；

M00；

C007；

G01   X+20000   Y+0；

G04   X0.0+H005；

T85   T87   M02；

(∷The Cutting length＝135.663704 mm)；

（1）画出加工出的零件图,并标明相应尺寸；

（2）在零件图上画出穿丝孔的位置,并注明加工中补偿量；

（3）上面程序中 C001 和 M00①,②,③的含义是什么？

解　（1）零件图形如图 2-9 所示,这是用线切割跳步加工同心圆的实例。

（2）由 H001＝+00000100 可知,补偿量为 0.1mm。

（3）C001 代码用来调用加工参数。C001 设定了加工中的各种参数(如 ON,OFF,IP 等),存放在线切割机床数控系统的数据库里。加工参数的设置调用方法因机床的不同而不同,具体步骤参考每种机床相应的操作说明书。

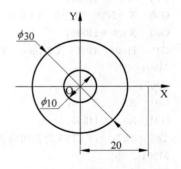

图 2-9　跳步加工零件

M00①的含义为：暂停,直径为 10mm 的孔里的废料可能掉下,提示拿走。

M00②的含义为：暂停,直径为 10mm 的孔已经加工完,提示解开电极丝,准备将机床移到另一个穿丝孔。

M00③的含义为：暂停,准备在当前的穿丝孔位置穿丝。

读者可以学习实训 3 进一步掌握本节内容。

2.2　3B 代码编程

我国生产的数控电火花线切割机床多数采用 3B 程序,其格式如表 2-4 所示。

表 2-4　3B 程序格式

B	X	B	Y	B	J	G	Z
分隔符	X 坐标值	分隔符	Y 坐标值	分隔符	计数长度	计数方向	加工指令

其中:B 为分隔符,它的作用是将 X,Y,J 的数码分隔开;

X 为 X 轴坐标的绝对值,单位为 μm;

Y 为 Y 轴坐标的绝对值,单位为 μm;

J 为加工线段的计数长度,单位为 μm;

G 为加工线段的计数方向,分为按 X 方向计数(G_x)和按 Y 方向计数(G_y);

Z 为加工指令。

2.2.1　直线的 3B 代码编程

1. X 和 Y 值的确定

(1) 以直线的起点为原点建立直角坐标系,X 和 Y 为直线终点坐标(X_e,Y_e)的绝对值;

(2) 在直线 3B 代码中,X,Y 值主要是确定该直线的斜率,所以,可将直线终点的绝对值坐标除以它们的最大公约数作为 X,Y 的值,以简化数值;

(3) 当直线与 X 轴或 Y 轴重合时,为区别一般直线,X 和 Y 均可为零且可以不写,但分隔符仍须保留。

2. G 的确定

在直线编程时,计数方向 G 的确定方法为:以要加工的直线的起点为原点,建立直角坐标系,取该直线终点坐标(X_e,Y_e)绝对值大的坐标轴为计数方向。如图 2-10 所示,当直线终点在阴影区域内,即 $|X_e|<|Y_e|$ 时,则 $G=G_y$;当直线终点在非阴影区域内,即 $|X_e|>|Y_e|$ 时,则 $G=G_x$;当正好在 45°线上,即 $|X_e|=|Y_e|$ 时,则在第一、三象限取 $G=G_y$,在第二、四象限取 $G=G_x$。

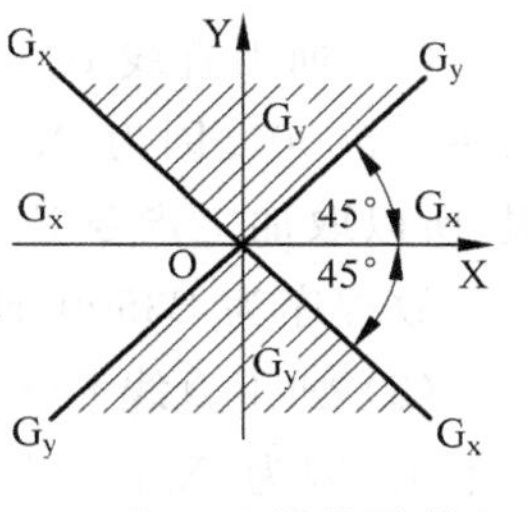

3. J 的确定

加工直线时 J 的取值方法如图 2-11 所示:由计数方向 G 确定投影方向,若 $G=G_x$,则将直线向 X 轴投影,得到的长度值即为 J 的值;若 $G=G_y$,则将直线向 Y 轴投影,得到的高度值即为 J 的值。

图 2-10　加工直线的计数方向

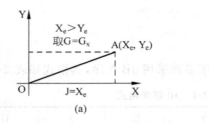
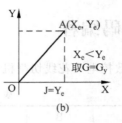

图 2-11　加工直线时 G,J 的确定

4. Z 的确定

加工指令 Z 按照直线走向和终点的坐标不同可分为 L_1,L_2,L_3,L_4,其中与＋X 轴重合的直线算作 L_1,与－X 轴重合的直线算作 L_3,与＋Y 轴重合的直线算作 L_2,与－Y 轴重合的直线算作 L_4,具体可参考图 2-12。

例 7　从 A 点开始,按箭头方向切割如图 2-13 所示图形,试编写 3B 程序。

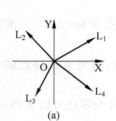
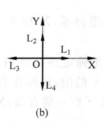

图 2-12　直线加工指令 Z 的确定

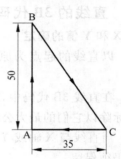

图 2-13　工件加工形状示意图

(1) 加工直线 A→B 的编程。坐标原点取在起点 A,终点 B 的坐标为 $X_e=0$,$Y_e=50000$(图中尺寸单位是 mm,而 3B 代码中要求的尺寸单位是 μm,下同)。因为 $|X_e|<|Y_e|$,所以取 $G=G_y$,$J=J_y=50000$。由于直线 AB 与＋Y 轴重合,所以取加工指令 Z 为 L_2。

故程序为 B0B50000B50000$G_y L_2$,因为该线段与 Y 轴重合,所以简化为 BBB50000$G_y L_2$。

(2) 加工直线 B→C 的编程。坐标原点取在起点 B,终点 C 的坐标为 $X_e=35000$,$Y_e=-50000$。因为 $|X_e|<|Y_e|$,所以取 $G=G_y$,$J=J_y=50000$。由于直线 BC 位于第四象限,所以取加工指令 Z 为 L_4。

故程序为 B35000B50000B50000 $G_y L_4$,简化为 B7B10B50000$G_y L_4$。

(3) 加工直线 C→A 的编程。坐标原点取在起点 C,终点 A 的坐标为 $X_e=-35000$,$Y_e=0$。因为 $|X_e|>|Y_e|$,所以取 $G=G_x$,$J=J_x=35000$。由于直线 CA 与－X 轴重合,所以取加工指令 Z 为 L_3。

故程序为 $B35000B0B35000G_xL_3$，因为该线段与 X 轴重合，所以简化为 $BBB50000G_xL_3$。整个工件的加工程序如表 2-5 所示。

表 2-5　程序表

序号	加工段	B	X	B	Y	B	J	G	Z
1	A→B	B	0	B	50000	B	50000	G_y	L_2
2	B→C	B	35000	B	50000	B	50000	G_y	L_4
3	C→A	B	35000	B	0	B	35000	G_x	L_3

2.2.2　圆弧的 3B 代码编程

1. X 和 Y 值的确定

以圆弧的圆心为原点建立直角坐标系，X 和 Y 为圆弧起点坐标(X_b, Y_b)的绝对值（与直线不同），不能有任何简化，且单位为 μm。

2. G 的确定

在圆弧编程时，计数方向 G 的确定方法为：以圆弧的圆心为原点建立直角坐标系，选取该圆弧终点坐标(X_e, Y_e)绝对值小的坐标轴为计数方向（与直线不同）。如图 2-14 所示，当圆弧终点在阴影区域内，即$|X_e| < |Y_e|$时，则 $G = G_x$；当圆弧终点在非阴影区域内，即$|X_e| > |Y_e|$时，则 $G = G_y$；当正好在 45°线上，即$|X_e| = |Y_e|$时，取 $G = G_x$ 或 $G = G_y$ 均可。

3. J 的确定

圆弧编程中 J 的取值方法为：由计数方向 G 确定投影方向，若 $G = G_x$，则将圆弧向 X 轴投影；若 $G = G_y$，则将圆弧向 Y 轴投影。由于圆弧可能跨越几个象限，J 值应为各个象限圆弧投影长度值的和。如在图 2-15 中，J_1, J_2, J_3 大小分别如图所示，$J = J_1 + J_2 + J_3$。

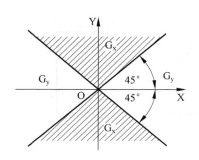

图 2-14　加工圆弧的计数方向

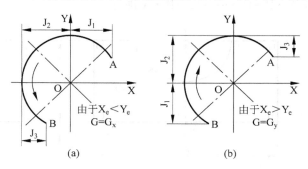

图 2-15　加工圆弧时 G，J 的确定

4. Z 的确定

加工指令 Z 按照第一步进入的象限可分为 R_1, R_2, R_3, R_4；按切割的走向可分为顺圆 S 和逆圆 N，于是共有 8 种指令：SR_1, SR_2, SR_3, SR_4, NR_1, NR_2, NR_3, NR_4，具体可参考图 2-16。

例 8　如图 2-17 所示，圆弧从 A 点加工到 B 点，试编写 3B 程序。

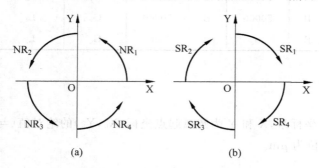

图 2-16　圆弧加工指令 Z 的确定

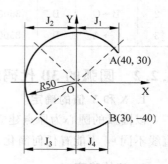

图 2-17　工件加工形状示意图

以圆弧的圆心为原点，建立直角坐标系，起点 A 的坐标为 $X_b = 40000$, $Y_b = 30000$，终点 B 的坐标为 $X_e = 30000$, $Y_e = -40000$。因为 $|X_e| < |Y_e|$，所以取 $G = G_x$。计数方向确定后，计数长度应取圆弧各段在该方向上投影的总和，即

$$J = J_1 + J_2 + J_3 + J_4 = 40000 + 50000 + 50000 + 30000 = 170000$$

由于圆弧起点 A 位于第一象限，又圆弧 A→B 为逆圆，所以取加工指令 Z 为 NR_1。

故圆弧 A→B 的程序为 $B40000B30000B170000G_xNR_1$。

例 9　用 3B 代码编制加工如图 2-18(a)所示零件的线切割加工程序。已知线切割加工用的电极丝直径为 0.18mm，单边放电间隙为 0.01mm，图中 A 点为穿丝孔，加工方向沿 A→B→C→…→H→B→A 进行。

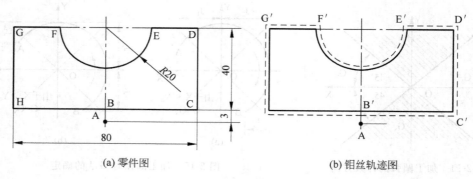

(a) 零件图　　　　　　　　　　　(b) 钼丝轨迹图

图 2-18　线切割图形

解 (1)分析

现用线切割加工凸模状的零件图,实际加工中由于钼丝半径和放电间隙的影响,钼丝中心实际运行的轨迹形状如图 2-18(b)中虚线所示,即加工轨迹与零件图相差一个补偿量,补偿量的大小 δ＝钼丝的半径＋单边放电间隙＝0.09＋0.01＝0.1mm。

在加工中需要注意 E′F′圆弧的编程,其对应的没有补偿的圆弧 EF 与 E′F′有较多不同点,现比较如表 2-6 所示。

表 2-6　圆弧 EF 和 E′F′特点比较表

	起点	起点所在的象限	圆弧首先进入的象限	圆弧经历的象限
圆弧 EF	E	X 轴上	第四象限	第四、三象限
圆弧 E′F′	E′	第一象限	第一象限	第一、四、三、二象限

(2)计算并编制圆弧 E′F′的 3B 代码

在图 2-18(b)中,最难编制的是圆弧 E′F′,其具体计算过程如下:

以圆弧 E′F′的圆心为坐标原点,建立直角坐标系,可得 E′点的坐标为：$Y_{E'}$＝0.1mm,$X_{E'}$＝$\sqrt{(20-0.1)^2-0.1^2}$＝19.900mm。根据对称原理可得 F′的坐标为(−19.900,0.1)。

根据上述计算可知圆弧 E′F′的终点坐标 Y 的绝对值小,所以计数方向取 G_y。

圆弧 E′F′在一、二、三、四象限分别向 Y 轴投影得到长度分别为 0.1,19.9,19.9,0.1mm,故 J＝100＋19900＋19900＋100＝40000。

圆弧 E′F′首先在第一象限顺时针切割,故加工指令 Z 为 SR_1。由上可知圆弧 E′F′的3B 代码为：$B19900B100B40000G_ySR_1$。

经过上述分析计算,可得轨迹形状的 3B 程序如表 2-7 所示。

表 2-7　切割轨迹 3B 程序

序号	加工段	B	X	B	Y	B	J	G	Z
1	A → B′	B	0	B	2900	B	2900	G_y	L_2
2	B′→ C′	B	40100	B	0	B	40100	G_x	L_1
3	C′→ D′	B	0	B	40200	B	40200	G_y	L_2
4	D′→ E′	B	20200	B	0	B	20200	G_x	L_3
5	E′→ F′	B	19900	B	100	B	40000	G_y	SR_1
6	F′→ G′	B	20200	B	0	B	20200	G_x	L_3
7	G′→ H′	B	0	B	40200	B	40200	G_y	L_4
8	H′→ B′	B	40100	B	0	B	40100	G_x	L_2
9	B′→ A	B	0	B	2900	B	2900	G_y	L_2

读者可以学习实训 4 进一步掌握本节内容。

2.3　线切割自动编程简介

　　对于几何形状不太复杂的简单零件,数值计算较简单,加工程序段不多,采用手工编程较容易实现。但是,对于一些形状复杂的零件,数值计算相当繁琐,并容易出错,手工编程则难以胜任,这时必须采用计算机编程软件自动生成程序。

2.3.1　YH 软件简介

1. 概述

　　由苏州开拓电子技术有限公司开发的 YH 线切割编程控制系统,在国内拥有很高的知名度和市场占有率,它用于快走丝线切割机床,集控制和编程于一体,分别由各自的 CPU 来控制,使加工和编程能同时进行。在这里介绍的是它的编程系统。

　　YH 线切割编程系统是在 DOS 状态下使用的软件,具有绘图和编程两大功能。它不仅可以方便地绘制由点、直线、圆弧组成的一般图形,而且还能绘制由一些特殊曲线组成的图形,例如:绘制椭圆、抛物线、双曲线、渐开线、摆线、螺线、列表曲线、函数方程曲线以及齿轮等。它具有多种编辑功能,使绘图更加快捷方便。当图形绘制完成后,YH 线切割编程系统能完成 ISO,3B,R3B 等多种代码程序的自动编程,在编程时还能设定多种加工参数,如锥度、补偿量、跳步等。另外,利用 YH 线切割编程系统的 4 轴合成功能,还能对上下同形或异形的工件进行自动编程合成。

　　尽管 YH 线切割编程系统在操作、通用性、功能等方面还存在一定的不足,但它仍然不失为一个较好且实用的 CAD/CAM 集成软件。

2. YH 线切割编程系统界面

　　当启动 YH 线切割编程系统后,就可以进入如图 2-19 所示的系统主界面。

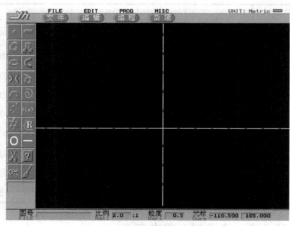

图 2-19　YH 线切割编程系统的主界面

主界面包括：绘图区、图标按钮、下拉菜单、键盘命令框、公制与英制切换按钮和状态栏。

（1）绘图区

绘图区是用户进行绘图设计的主要工作区域。它位于屏幕的中心，并占据了屏幕的大部分面积。在绘图区的中央有一个二维十字直角坐标系，其十字交点即为原点(0,0)。

（2）图标按钮

图标按钮位于屏幕的左侧，由 16 个绘图图标和 4 个编辑图标组成，如图 2-20 所示。

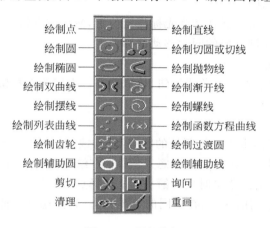

绘制点	绘制直线
绘制圆	绘制切圆或切线
绘制椭圆	绘制抛物线
绘制双曲线	绘制渐开线
绘制摆线	绘制螺线
绘制列表曲线	绘制函数方程曲线
绘制齿轮	绘制过渡圆
绘制辅助圆	绘制辅助线
剪切	询问
清理	重画

图 2-20　图标按钮

（3）下拉菜单

下拉菜单位于屏幕的顶部，由一行主菜单及其下拉子菜单组成，有的子菜单还有二级子菜单。主菜单由文件、编辑、编程和杂项 4 个部分组成。

（4）键盘命令框

键盘命令框位于图标按钮下方，用于采用键盘输入方式绘制点、线、圆等图形。

（5）公制与英制切换按钮

公制与英制切换按钮位于屏幕右上角，如图 2-21 所示，用于将图形尺寸单位在公制（Metric）和英制（Inches）之间进行切换。

UNIT: Metric ▭

图 2-21　公制与英制切换按钮

（6）状态栏

屏幕的底部为状态栏，用来显示输入图号、比例系数、粒度和光标位置，如图 2-22 所示。

| 图号 FILE | 比例 Rati | 2.0 | :1 | 粒度 Uari | 0.5 | 光标 Curs | 26.500 | 31.000 |

图 2-22　状态栏

3. YH 编程系统应用基础

（1）基本概念

线段——指某一独立的直线或圆弧。

图段——指屏幕上相连通、有交点的线段。

粒度——指作图时参数窗内数值的最小变化量。

无效线段——指非工件轮廓线段。

元素——指点、线、圆。

单击或点选——指将鼠标移动到光标指定位置，然后按左键。

拖动——指按住左键不放的同时移动鼠标。

（2）鼠标键的含义

左键为命令键，用于点取菜单或按钮、拾取选择。右键为调整键，用于调整图形位置、线段长度、按钮功能等。

（3）光标的变化

在使用 YH 软件时，由于系统所处的状态不同，或光标拾取的位置不同，光标的形状会有多种变化，在绘图时一定要引起注意。例如：在绘图区输入命令前光标呈十字形，输入绘图命令后呈笔形，指向菜单时变为箭头形；选择点时光标呈叉形，选择直线或圆弧时光标呈手指形；输入不同的命令、在不同的绘图状态，光标还有多种不同的形状。

（4）数据的输入

本系统数据输入的方法有鼠标拾取、鼠标输入和键盘输入 3 种。

鼠标拾取就是在屏幕上移动光标时，观察状态栏内坐标显示数字的变化及光标形状的变化，然后在合适的位置按命令键。

鼠标输入是指在绘图时用鼠标点击参数窗内的数据框，系统会弹出如图 2-23 所示的数据输入工具栏，用鼠标点击，即可输入数据。

图 2-23　数据输入工具栏

键盘输入是指用键盘在数据框内输入数据。有时，系统要求按切换按钮才能使用这种方式。

（5）保存和删除文件

① 将当前图形保存到数据盘中

方法：单击图号输入框内，待框内出现一黑色底线时，用键盘输入文件名（不超过8 个字符），按回车键退出。系统将自动把屏幕图形存入当前的数据盘上。若文件名已存在（文件多次存盘），可直接单击下拉菜单【文件】→【存盘】。

② 删除数据盘中的指定文件

方法：单击下拉菜单【文件】→【删除】，在弹出的参数窗内，选择需删除的文件，再按撤消按钮退出即可。

4. YH 编程系统常用的绘图和编辑功能

（1）绘制点

方法一：单击绘制点图标按钮█，移动光标并观察状态栏内显示的坐标数值，移至或接近需要的位置时，单击命令键，系统弹出如图 2-24 所示的参数窗口。检查各参数并修改不符的参数后，单击【Yes】按钮退出。

方法二：单击绘制点图标按钮█，将光标移至键盘命令框，在出现的输入框中按格式"［X，Y］"输入点的坐标，然后回车。

（2）绘制直线

① 已知一点和斜角

方法一：单击绘制直线图标按钮█，单击指定点位置，拖动，同时观察弹出的参数窗口（见图 2-25）内斜角数值，当其数值与标定角度一致或接近时，释放命令键。检查各参数并修改不符的参数后，单击【Yes】按钮退出。

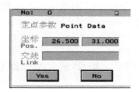

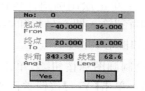

图 2-24　"绘制点参数"窗口　　　　图 2-25　"绘制直线参数"窗口

方法二：单击绘制直线图标按钮█，将光标移至键盘命令框，在出现的输入框中按格式"［X，Y］，角度"输入已知点的坐标和直线斜角，然后回车。

② 已知两点

方法一：单击绘制直线图标按钮█，单击一指定点位置，拖动，移动到另一指定点，释放命令键。检查参数窗内各参数并修改不符的参数后，单击【Yes】按钮退出。

方法二：单击绘制直线图标按钮█，将光标移至键盘命令框，在出现的输入框中按格式"［X₁，Y₁］，［X₂，Y₂］"输入两已知点的坐标，单击【Yes】按钮退出。

③ 已知一定圆和直线的斜角

先按已知斜角任作一直线，然后单击下拉菜单【编辑】→【平移】→【线段自身平移】，在键盘命令框下方出现工具包图标█，点选直线后拖动至指定圆，当该直线变为红色时，表示已与指定圆相切，释放命令键。单击【Yes】按钮关闭参数窗。若无其他线段需要移动，单击工具包图标，退出平移状态。

④ 已知两线距离作已知直线的平行线

单击下拉菜单【编辑】→【平移】→【线段复制平移】，在键盘命令框下方出现工具包图标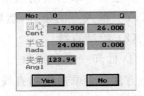,点选已知直线后拖动,观察参数窗内显示的平移距离,移至指定距离时,释放命令键。检查无误后,单击【Yes】按钮关闭参数窗。若无其他线段需要移动,单击工具包图标,退出。

⑤ 直线延伸

单击绘制直线图标按钮█,将光标移到需延伸的线段上,当光标变成手指形时右击,该直线即向两端伸延。

（3）绘制圆

① 已知圆心和半径

方法一:单击绘制圆图标按钮◯,单击指定圆心位置,拖动,同时观察弹出的参数窗（如图 2-26 所示）内半径数值,当其数值与已知半径一致或接近时,释放命令键。检查各参数并修改不符的参数后,单击【Yes】按钮退出。

图 2-26 "绘制圆参数"窗口

方法二:单击绘制圆图标按钮◯,将光标移至键盘命令框,在出现的输入框中按格式"[X,Y],半径"输入圆心坐标和半径,单击【Yes】按钮退出。

② 已知圆心,并过一点

单击绘制圆图标按钮◯,单击指定圆心位置,拖动至另一指定点位置,释放命令键。检查无误后,单击【Yes】按钮关闭参数窗。

③ 已知圆心,并与另一圆或直线相切

单击绘制圆图标按钮◯,单击指定圆心位置,拖动至另一指定圆或指定线,当所画圆变成红色时,释放命令键。检查无误后,单击【Yes】按钮关闭参数窗。

④ 圆弧变圆

单击绘制圆图标按钮◯,移动光标到圆弧上,当光标变成手指形时,右击,该圆弧即变成整圆。

（4）绘制切线或切圆

① 绘制两圆的公切线

单击绘制切线或切圆图标按钮█,点选任一已知圆,拖动至另一圆周上,当光标呈手指形时释放命令键,在两圆之间出现一条深色连线,单击该连线,完成公切线绘制。

② 过一点作一圆的切线

单击绘制切线或切圆图标按钮█,点选已知点,拖动至已知圆周上的任意处,当光标呈手指形时释放命令键,在相连的点和圆之间出现一条深色线,单击该连线,完成切线绘制。

③ 作一圆与两元素相切

单击绘制切线或切圆图标按钮█,点选第一个元素,拖动到第二个元素上,释放命令键,在两个元素间,出现一条深色连线。拖动该连线,同时观察参数窗内半径变化值,当达到或接近需要的值时释放命令键,检查并修改不符的参数后,单击【Yes】按钮退出,完成切圆绘制。

④ 作一圆与两圆内切

单击绘制切线或切圆图标按钮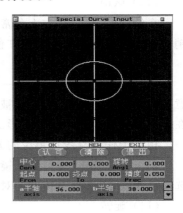,点选第一个圆,拖动到第二个圆上,释放命令键,在两个圆间,出现一条深色连线。分别点击两圆内任一点,该圆内出现一红色小圈,表示该圆将在生成的切圆内部。拖动深色连线,同时观察参数窗内半径变化值,当半径达到或接近需要的值时释放命令键,检查并修改不符的参数后,单击【Yes】按钮退出,完成切圆绘制。

⑤ 作一圆与三元素相切

单击绘制切线或切圆图标按钮,点选第一个元素,拖动到第二个元素上,释放命令键,在两个元素间,出现一条深色连线。拖动该连线至第三元素,当该连线变为红色时,释放命令键,系统自动计算并生成三切圆。若无法生成,系统将提示。

（5）绘制椭圆

单击绘制椭圆图标按钮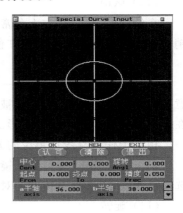,系统弹出专用窗(如图 2-27 所示)。分别输入两半轴的参数,单击【认可】按钮确认,即在绘图窗内画出标准椭圆图形。输入椭圆在实际图样上的中心位置和旋转角度,单击【退出】按钮,返回主窗口;若要撤销本次输入,单击【放弃】按钮。

（6）绘制过渡圆

单击绘制过渡圆图标按钮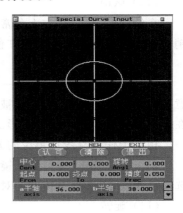,点选两线段交点处,沿需画过渡圆的方向,拖动至某一位置,释放命令键,屏幕上提示【R＝】,键入需要的 R 值,系统随即绘出指定的过渡圆弧。

图 2-27　"绘制椭圆专用"窗口

注意:当过渡圆的半径超出该相交线段中任一线段的有效范围时,过渡圆无法生成。

（7）绘制辅助圆和辅助线

辅助圆和辅助线起定位作用,不参与切割,在绘图时,对于非工件轮廓的圆弧和直线,都应以辅助圆和辅助线作出。其绘制方法与普通圆和直线相同,颜色为深色,能被【清理】功能清除。

（8）剪切删除线段

单击剪切图标按钮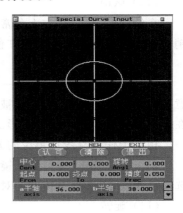,在键盘命令框下方出现工具包图标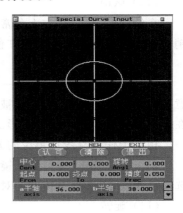,从中单击取出剪刀形光标,点选需删除的线段。按调整键可以间隔删除同一线上的各段。完成后,单击工具包图标,退出。

（9）询问

单击询问图标按钮❓，点选需查询的点或线段，系统弹出参数窗，显示该点的坐标及与之相关连的线号，或显示线段的起点和终点的坐标及斜角。单击【Yes】按钮退出，若单击【No】按钮将删除被查询的线段。

（10）清理

单击清理图标按钮✂，系统将删除辅助线、辅助圆和任何不闭合的线段。

右击清理图标按钮✂，系统将删除辅助线和辅助圆，保留不闭合的线段。

（11）重画

单击重画图标按钮✏，系统会重新绘出全部图形而不改变任何数据。

另外，重画按钮还具有直线变圆弧的功能，利用该功能可以画三点圆弧。具体操作是：先用两点作一直线，然后右击重画图标按钮✏，点选该直线，拖动至第三点，释放命令键，直线变为圆弧。

（12）撤销

在绘图时，主屏幕右上角常会出现一房子形的黄色记忆包🏠，单击该标志，系统将撤销前一动作。当该记忆包呈红色时，表示为不可撤销状态。

（13）镜像

该命令可将某一线段、某一图段或全部图形相对于【水平轴】、【垂直轴】、【原点】或【任意直线】作对称复制。在选择被镜像的对象时，光标呈手指形为线段，光标呈叉形为图段，在屏幕空白区单击为全部图形。

相对于任意直线作镜像的方法如下：

单击下拉菜单【编辑】→【镜像】→【任意直线】，屏幕右上角将出现【镜像线】的提示，先选择镜像线，再选择被镜像的对象，系统自动完成镜像。

（14）旋转

该命令可作【图段自身旋转】、【线段自身旋转】、【图段复制旋转】、【线段复制旋转】4 种方式的旋转处理。具体操作如下：

单击下拉菜单【编辑】→【旋转】，选择旋转方式，在键盘命令框下方出现工具包图标🔧，屏幕右上角显示【中心】的提示。选定旋转中心位置后，提示变为【转体】，点选需旋转的对象，拖动，同时观察弹出的参数窗（如图 2-28 所示）内角度数值，当其数值与指定角度一致或接近时，释放命令键。检查各参数并修改不符的参数后，单击【Yes】退出按钮，完成旋转。将光标放回工具包，退出旋转方式。

图 2-28 "旋转参数"窗口

（15）等分

该命令可对图段或线段作【等角复制】、【等距复制】或

【非等角复制】。

　　【非等角复制】线段的操作是：单击下拉菜单【编辑】→【等分】→【非等角复制】→【线段】，系统弹出非等角参数窗（如图 2-29 所示），依次用键盘输入各处相对旋转角度（以逆时针方向，每次要回车确认）。输入完毕后，单击【OK】按钮退出参数窗，屏幕右上角显示【中心】的提示，选定等分中心位置后，系统弹出如图 2-30 所示的等分参数窗，检查或输入【等分】数和【份数】（等分为图形在 360°范围内的等分数；份数为实际图形的份数），单击【Yes】按钮退出后，提示变为【等分体】，点选需复制的线段，系统将自动完成等分处理。

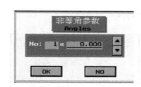

图 2-29　"非等角参数"窗口　　　　图 2-30　"等分参数"窗口

　　【等角复制】的操作与【非等角复制】类似，只是不用输入非等角参数，而直接在等分参数窗内输入【等分】数和【份数】即可。

　　【等距复制】线段的操作是：单击下拉菜单【编辑】→【等分】→【等距复制】→【线段】，系统弹出与图 2-30 类似的等分参数窗（【中心】改为了【距离】），输入【距离】、【等分】数和【份数】，单击【Yes】按钮退出后，点选需复制的线段即可。

　　(16) 平移

　　该命令可变化图形在坐标系中的位置。系统不仅可以平移图形本身，还可以作复制平移；不仅可以平移图形，还可以平移坐标轴。平移图形的方法已在绘制直线时介绍过，这里介绍平移坐标轴的方法。

　　单击下拉菜单【编辑】→【平移】→【坐标轴平移】，在键盘命令框下方出现工具包图标，屏幕右上角提示【原点】，单击需要成为坐标中心处，系统自动完成坐标系的移动。将光标放回工具包，退出平移方式。

　　系统还可以平移显示图形中心，具体操作是：在需要作屏幕中心的位置上单击【调整】按钮，系统自动将该处移到屏幕中心。

　　(17) 放大观察图形的局部

　　单击下拉菜单【编辑】→【近镜】，屏幕右上角提示【放大区】，单击需观察局部的左上角，拖动至右下角，释放命令键，系统弹出一窗口，显示放大的局部图形。在状态栏内显示实际放大比例。单击近镜窗左上角的按钮，关闭窗口，恢复原图形。

　　(18) 缩放图形

　　单击下拉菜单【编辑】→【工件放大】，在弹出的参数窗内输入合适的缩放系数，系统自动缩放图形。

5. YH 编程系统的编程功能

单击下拉菜单【编程】→【切割编程】，在键盘命令框下方出现工具包图标，屏幕右上方显示【丝孔】，提示用户选择穿孔位置。点选穿孔位置并拖动至切割的首条线段上（移到交点处光标呈叉形，在线段上为手指形），释放命令键。该点处出现一指示牌"▲"，屏幕上弹出【加工参数】窗（如图 2-31 所示）。此时，可对【孔位】、【起割】点、【补偿】量、【平滑】（尖角处过渡圆半径）作相应的修改及选择，代码统一为 ISO 格式。单击【Yes】按钮确认后，退出加工参数窗，系统弹出【路径选择】窗（如图 2-32 所示）。

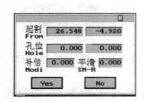

图 2-31　"加工参数"窗口

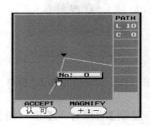

图 2-32　"路径选择"窗口

【路径选择窗】中的红色指示牌处为起割点，左右线段是工件图形上起割点处的相邻线段，分别在窗口右侧用序号代表（C 表示圆弧，L 表示直线，数字表示该线段作出时的序号）。窗口下部的"＋"表示放大钮，"－"表示缩小钮，每单击一下就放大或缩小一次。选择路径时，可直接用光标在右边的序号上轻点命令键，使之变为黑色。若无法辨别序号表示哪一线段时，可用光标移到指示牌两端的线段上，光标呈手指形，同时显示该线段的序号，此时轻点命令键，它所对应的线段的序号自动变黑色，表明路径已选定。路径选定后，单击【认可】按钮，火花图符就沿着所选择的路径进行模拟切割，到终点时，显示"OK"结束。如工件图形轮廓上有叉道，火花自动停在叉道处，并再次弹出路径选择窗，选择正确的路径后，单击【认可】按钮，火花图符继续进行模拟切割直至出现"OK"。

图 2-33　"加工开关设定"窗口

火花图符走遍全路径后，屏幕右上方弹出【加工开关设定】窗（如图 2-33 所示），其中有五项设定：【加工方向】、【锥度设定】、【旋转跳步】、【平移跳步】和【特殊补偿】。

【加工方向】：用于设定切割方向，有左右两个方向的三角形按钮，分别表示逆时针和顺时针方向切割，红底黄色三角为系统自动判断方向（特别注意：系统自动判断的方向一定要和模拟火花走的方向一致，否则得到的程序代码上所加的补偿量正负相反。若系统自动判断方向和火花模拟方向相反,进行锥度切割时,所加锥度的正负方向也相反)。若系统自动判断方向与火花模拟切割的方向相反,可单击三角形按钮来重新设定。

【锥度设定】:用于加工有锥度的工件时的锥度设定。单击【锥度设定】项的【ON】按钮,使之变蓝色,屏幕弹出【锥度参数】窗(如图 2-34 所示)。参数窗中有【斜度】、【标度】、【基面】三项参数输入框,应分别输入相应的数据。【斜度】为钼丝的倾斜角度,有正负方向(正角度为上大下小的倒锥,负角度为正锥)。【标度】为上下导轮中心间的距离,单位为毫米。【基面】为下导轮中心到工件下平面间的距离。若以工件上平面为基准面,输入的基面数据应该是下导轮中心到工件下平面间的距离再加上工件的厚度。参数输入后单击【Yes】按钮退出。

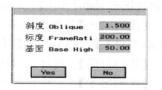

图 2-34 "锥度参数"窗口

【旋转跳步】:单击【旋转跳步】项的【ON】按钮,使之变蓝色,系统弹出如图 2-35 所示的【旋转跳步参数】窗,其中有【中心】、【等分】、【步数】三项选择。【中心】为旋转中心的坐标。【等分】为在 360°角度内的等分数。【步数】为以逆时针方向取的份数(包括本身一步)。选定后单击【Yes】按钮退出。

【平移跳步】:单击【平移跳步】项的【ON】按钮,使之变蓝色,系统弹出如图 2-36 所示的【平移跳步参数】窗,其中有【距离】和【步数】两项选择。【距离】为以原图形为中心,平移图形与原图形在 X 轴和 Y 轴间的相对距离(有正负)。【步数】为共有几个相同的图形(包括原图形)。输入参数后,单击【Yes】按钮退出。

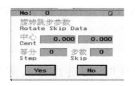

图 2-35 "旋转跳步参数"窗口

图 2-36 "平移跳步参数"窗口

【特殊补偿】:在该功能下,可对工件轮廓上的任意部分设定不同的补偿量(最大不超过 30 种补偿量)。具体操作如下:

单击【特殊补偿】项的【ON】按钮,使之变蓝色,在键盘命令框下方出现工具包图标 🖼,屏幕右上角提示【起始段】,单击需要特殊补偿的工件轮廓的首段,屏幕提示改为【终止段】,再单击相同补偿量的尾段,系统将提示输入该区段的补偿量,键入补偿量后,该特殊补偿段处理完毕。屏幕再次提示【起始段】,用同样的方法可依次处理其他的区段(注:起始段和结束段可在同一线段上,也可在不同的线段上,设定时必须按切割方向的顺序)。全部区段的补偿量设定完成后,单击工具包图标,退出【特殊补偿】状态。

加工设定完成后,在【加工开关设定】窗中,有设定的以蓝色【ON】表示,无设定的以灰色【OFF】表示。单击【加工开关设定】窗右上角的撤销按钮,关闭窗口。屏幕右上角提示【丝孔】,这时可对屏幕中的其他图形再次进行穿孔、切割编程,系统将以跳步的方式对两个以上的图形进行编程。

全部图形编程完成后,单击工具包图标,系统将把生成的输出代码反编译,绘制出切割轨迹图形,同时弹出【代码输出】菜单。

【代码输出】菜单有【代码打印】、【代码显示】、【代码存盘】、【三维造型】、【送控制台】、【送串行口】、【代码输出】、【退出】几项选择。

【代码打印】:通过打印机打印程序代码。

【代码显示】:在弹出的参数窗中显示生成的 ISO 代码,以便核对。

【代码存盘】:将生成的程序代码存入数据盘中。

【三维造型】:单击该项,屏幕上出现工件厚度输入框,提示用户输入工件的实际厚度。输入厚度数据后,屏幕上显示出图形的三维造型轮廓,同时显示加工长度和加工面积,以利于用户计算费用。单击工具包图标,退回菜单。

【送控制台】:单击该项,系统自动把当前编好程序的图形送入"YH 控制系统",并转入控制界面。同时编程系统自动把当前屏幕上的图形"挂起"保存。

【送串行口】:系统将当前编制好的代码,从 RS-232 串行口中输出。

【代码输出】:将生成的 ISO 程序代码转变为 3B 代码或 RB 代码输出。

【退出】:退出编程状态。

6. YH 编程系统的读盘功能

YH 编程系统可从当前系统设定的数据盘上读入文件。该功能下可以读入图形、3B 代码、AutoCAD 的 DXF 类型文件。

(1) 图形文件的读入

方法一:单击图号输入框,待框内出现一黑色底线时,用键盘输入文件名(不超过8 个字符),按回车键退出。系统自动从磁盘上读入指定的图形文件。

方法二:单击下拉菜单【文件】→【读盘】→【图形】,系统将自动搜索当前磁盘上的数据文件,并将找到的文件名显示在弹出的数据窗内,单击所需要的文件名,然后关闭数据窗,文件即可自动读入。

(2) 3B 代码文件的读入

单击下拉菜单【文件】→【读盘】→【3B 代码】,在弹出的数据输入框中,键入代码文件名。文件名应该用全称,如果该文件不在当前数据盘上,在键入的文件名前,还应加上相应的盘号。

代码文件读入后,选择是否要去除代码的引线段以及图形是否封闭。选择后退出即可。

（3）DXF 文件的读入

单击下拉菜单【文件】→【读盘】→【AutoCAD—DXF】，在弹出的数据输入框中，键入代码文件名。文件名应该用全称，如果该文件不在当前数据盘上，在键入的文件名前，还应加上相应的盘号。本系统要求 DXF 文件中的平面轮廓应画在 0 层上。

读者学习实训 5 可进一步掌握本节内容。

2.3.2　CAXA 线切割软件编程简介

1. CAXA 线切割概述

由北航海尔软件有限公司开发的 CAXA 线切割 V2 版，是目前国内处于领先水平并广泛使用的线切割自动编程软件。它集 CAXA 电子图板 V2 与线切割自动编程于一身，主要功能有 CAD 和 CAM 两大部分。

（1）CAD 部分的功能

① 强大的智能化图形绘制和编辑功能

点、直线、圆弧、矩形、样条线、等距线、椭圆、公式曲线等图素的绘制均采用"以人为本"的智能化设计方案，可以根据不同的已知条件，而采用不同的绘图方式。

图素编辑功能处处体现"所见即所得"的智能化设计思想，提供了裁剪、旋转、拉伸、阵列、过渡、粘贴等功能。

② 支持实物扫描输入

CAXA 线切割支持 BMP，GIF，JPG，PNG，PCX 格式的图形矢量化，生成可进行加工编程的轮廓图形，此功能解决了复杂曲线的切割问题。原来一些难以加工甚至不能加工的零件，现在可通过扫描仪输入，保存为 CAXA 线切割所能处理的图形文件格式，再通过 CAXA 线切割位图矢量化功能对该图形进行处理，转换为 CAD 模型，使复杂零件的线切割成为现实。

③ 丰富的数据接口

CAXA 线切割可以非常方便地与其他 CAD 软件进行数据交换。目前 V2 版支持的格式有 DWG，DXF，WMF，IGES 及 HPGL 文件，CAXA 线切割还可以接收 CAXA 三维电子图板及 CAXA 实体设计生成的二维视图。

④ 特征点的自动捕捉

在绘制图素的过程中可方便地捕捉到各种图素的端点、中点、圆心、交点、切点、垂足点、最近点、孤立点、象限点。

⑤ 种类齐全的参量化图库

用户可以方便地调出多种标准件的图形及预先设定好的常用图符，大大加快了绘图速度，并减轻了绘图负担。

⑥ 完美的图纸管理系统

CAXA 线切割 V2 版的图纸管理功能可以按产品的装配关系建立层次清晰的产品

树,将散乱、孤立的图纸文件组织到一起,通过多个视图显示产品结构、图纸的标题栏、明细表信息、预览图形等。

⑦ 实用的局部参数化设计

当用户在设计产品时,发现局部尺寸要进行修改,只需选取要修改的部分,输入准确的尺寸值,系统就会自动修改图形,并且保持几何约束关系不变。

⑧ 齿轮花键设计功能

只需给定参数,系统将自动生成齿轮、花键。

⑨ 全面开放的平台

CAXA 线切割系统为用户提供了专业且易用的二次开发平台,全面支持 Visual C++ 6.0,用户可随心所欲地扩展 CAXA 线切割的功能,并可以编写自己的计算机辅助软件。

(2) CAM 部分的功能

① 方便有效的后置处理设置

CAXA 线切割针对不同的机床,可以设置不同的机床参数和特定的数控代码,在进行参数设置时无需学习专用语言,便可灵活地设置机床参数。

② 逼真的轨迹仿真功能

系统通过轨迹仿真功能,逼真地模拟从起切到加工结束的全过程,并能直观地检查程序的运行状况。

③ 直观的代码反读功能

CAXA 线切割系统可以将生成的代码反读进来,生成加工轨迹图形,由此对代码的正确性进行检验。另外,该功能可以对手工编写的程序进行代码反读,所以 CAXA 线切割代码校核功能可作为线切割手工编程模拟检验器来使用。

④ 优越的程序传输方式

将计算机与机床联机,CAXA 线切割系统可以采用应答传输、同步传输、串口传输、纸带穿孔等多种传输方式,向机床的控制器发送程序。

2. CAXA 线切割 V2 版界面简介

当启动 CAXA 线切割后,就可以进入如图 2-37 所示的系统主界面。

这个主界面对熟悉 CAXA 电子图板 V2 软件的读者来说,可能并不感觉陌生。它包括绘图功能区、菜单系统及状态栏 3 个部分。

(1) 绘图功能区

绘图功能区是用户进行绘图设计的主要工作区域。它占据了屏幕的大部分面积,中央区有一个直角坐标系,该坐标系称为世界坐标系,在绘图区用鼠标或键盘输入的点,均以该坐标系为基准,两坐标轴的交点即为原点(0,0)。

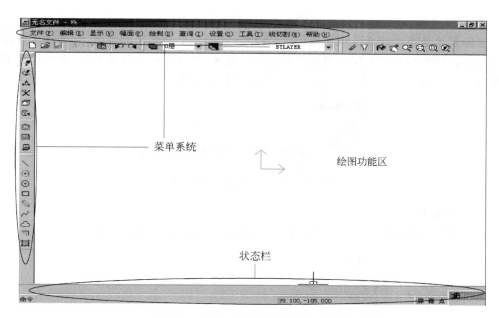

图 2-37　CAXA 线切割 V2 版的主界面

（2）菜单系统

CAXA 线切割的菜单系统包括下拉菜单、图标工具栏、立即菜单、工具菜单 4 个部分。

① 下拉菜单

下拉菜单位于屏幕的顶部，由一行主菜单及其下拉子菜单组成，主菜单由文件、编辑、显示、幅面、绘制、查询、设置、工具、线切割、帮助 10 个部分组成。

② 图标工具栏

图标工具栏比较形象地表达了各个图标的功能。用户可根据自己的习惯和要求进行自定义，选择最常用的工具图标，放在适当的位置，以适应个人习惯。图标工具栏包括 4 部分：标准工具栏（如图 2-38 所示）、常用工具栏（如图 2-39 所示）、属性工具栏（如图 2-40 所示）和绘图工具栏（如图 2-41 所示）。

图 2-38　标准工具栏

图 2-39　常用工具栏

图 2-40　属性工具栏

图 2-41　绘图工具栏

③ 立即菜单

立即菜单是当功能命令项被执行时，在绘图区的左下角弹出的菜单，它描述了该命令执行的各种情况和使用条件。根据当前的作图要求，选择正确的各项参数，即可得到准确的响应。图 2-42 所示的是在绘制直线时的立即菜单选项。

图 2-42　绘制直线时的立即菜单

④ 工具菜单

工具菜单包括工具点菜单（见图 2-43）和拾取元素菜单（见图 2-44）。

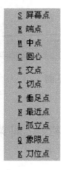

图 2-43　工具点菜单 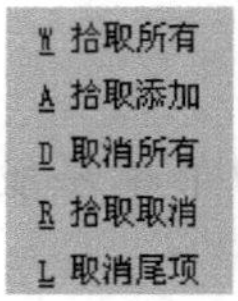　　　　图 2-44　拾取元素菜单

（3）状态栏

屏幕的底部为状态栏，如图 2-45 所示。它包括当前坐标值、操作信息提示、工具菜单状态提示、点捕捉状态提示和命令与数据输入 5 项。

图 2-45　状态栏

3. 线切割轨迹生成

所谓线切割轨迹就是在电火花线切割加工过程中，金属电极丝切割的实际路径。

CAXA 线切割的轨迹生成功能是在已有 CAD 轮廓的基础上，结合各项工艺参数，由计算机自动将加工轨迹计算出来。也就是说，在生成轨迹之前，必须先用软件的 CAD 功能生成 CAD 轮廓。这里不再进行介绍。

所谓轮廓就是一系列首尾相接曲线段的集合。在进行编程时,常常需要用户指定图形的轮廓,用来界定被加工的区域或被加工的图形本身。如果轮廓是用来界定被加工区域的,则指定的轮廓应是闭轮廓;如果加工的是轮廓本身,则轮廓可以是闭轮廓,也可以是开轮廓。无论在哪种情况下,生成轨迹的轮廓线不应有自交点。轮廓示意图见图 2-46。

开轮廓　　闭轮廓　　有自交点的轮廓

图 2-46　轮廓示意图

（1）轨迹生成

执行该命令将生成沿轮廓线切割的加工轨迹。具体操作步骤如下:

① 单击【轨迹操作】按钮 ▣,在弹出的子工具栏中(如图 2-47 所示),单击轨迹生成按钮 ▯,或单击下拉菜单【线切割】→【轨迹生成】,系统弹出如图 2-48 所示的【线切割轨迹生成参数表】对话框中的【切割参数】选项卡。其中各参数的含义如下:

- 【切入方式】　描述了穿丝点到加工起始段的起始点间电极丝的运动方式。各种切入方式如图 2-49 所示。

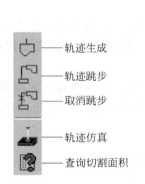

图 2-47　【轨迹生成】工具栏

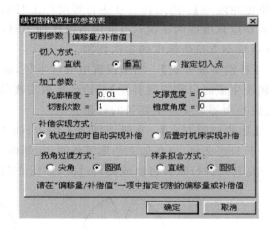

图 2-48　【切割参数】选项卡

直线切入　　垂直切入　　指定点切入

图 2-49　切入方式示意图

【直线】切入方式:电极丝直接从穿丝点切入到加工起始点。

【垂直】切入方式:电极丝从穿丝点垂直切入到加工起始段,以穿丝点在起始段上的垂直点作为加工起始点。

【指定切入点】方式：此方式要求在轨迹上选择一个点作为加工的起始点。电极丝直接从穿丝点沿直线切入到所选择的起始点。

· 【加工参数】 由轮廓精度、切割次数、支撑宽度、锥度角度 4 项内容组成。

【轮廓精度＝】：是加工轨迹和理想加工轮廓的最大偏差。对由样条曲线组成的轮廓,计算机将按给定的精度把样条离散成多条线段,如图 2-50 所示,精度值越大,折线段的步长就越长,折线段数就越少。

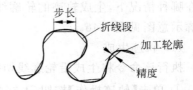

图 2-50　轮廓精度与步长示意图

【切割次数＝】：生成加工轨迹的行数。低速走丝机床由于加工精度高,往往需要多次切割。

【支撑宽度＝】：当选择多次切割次数时,该选项的数值指定为每行轨迹始末点间保留的一段没有切割部分的宽度。

【锥度角度＝】：用来设置在进行锥度加工时电极丝倾斜的角度。当采用左锥度加工时,输入锥度角度应为正值;当采用右锥度加工时,输入锥度角度应为负值。

本系统不支持带锥度的多次切割。

· 【补偿实现方式】 用来设置电极丝半径、放电间隙及加工预留量的补偿方式。

【轨迹生成时自动实现补偿】是让计算机实现偏移量的补偿,【后置时机床实现补偿】是由机床控制器来实现偏移量的补偿。

· 【拐角过渡方式】 在线切割加工中,当加工凹形零件时,相邻两直线或圆弧呈大于 180°夹角,或在加工凸形零件时,相邻两直线或圆弧呈小于 180°夹角,均需确定在其间进行圆弧过渡或尖角过渡,如图 2-51 所示。

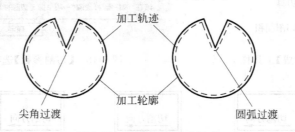

图 2-51　拐角过渡方式示意

· 【样条拟合方式】 当要加工样条曲线边界时,系统根据轮廓精度将样条曲线拆分为多段进行拟合。

【直线】拟合：将样条曲线拆分成多条直线段进行拟合。

【圆弧】拟合：将样条曲线拆分成多条直线段和圆弧段进行拟合。

两种方式相比较,圆弧拟合方式具有精度高、代码数量少的优点。

此外,还应在如图 2-52 所示的【偏移量/补偿值】选项卡中输入各次切割的偏移量。

② 在选择好轨迹生成参数后,单击对话框中的【确定】按钮,系统提示拾取轮廓,这时,可按空格键弹出如图 2-53 所示的拾取工具菜单。

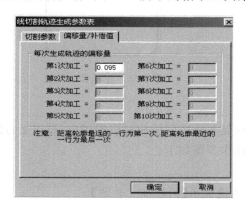

图 2-52　【偏移量/补偿值】选项卡

图 2-53　拾取工具菜单

【单个拾取】:逐个拾取各条轮廓曲线。适用于曲线数量不多,同时不适合使用【链拾取】方式拾取的图形。

【链拾取】:系统根据指定起始曲线和链搜索方向自动寻找所有首尾相接的曲线。适用于批量处理曲线数目较多,且无两根以上曲线搭接在一起的情况。

【限制链拾取】:系统根据起始曲线及搜索方向自动寻找首尾相接的曲线至指定的限制曲线。适用于避开有两根或两根以上曲线搭接在一起的情形,从而正确拾取所需曲线。

③ 当拾取完起始轮廓线段后,起始轮廓线段变为红色的虚线,同时在起始轮廓线段的切线方向出现两个反向的箭头(如图 2-54 所示),此时系统提示【选择链搜索方向】。

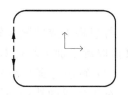

图 2-54　选择链搜索方向

根据切割路径选择一个箭头方向作为加工方向。选择方向后,如果采用的是【单个拾取】方式,则系统提示继续拾取轮廓线;如果采用的是【链拾取】方式,则系统自动拾取首尾相接的轮廓线;如果采用的是【限制链拾取】方式,则系统自动拾取该曲线与限制曲线之间连接的曲线。

④ 选择轮廓线后,系统提示【选择加工的侧边或补偿方向】,即电极丝偏移的方向,同时在起始轮廓线段的法线方向出现一对反向的箭头,如图 2-55 所示。

⑤ 选择好补偿方向后,系统提示指定穿丝点位置。

⑥ 输入穿丝点后,系统提示【输入退出点(回车则与穿丝点重合)】。

⑦ 确定退出点后,系统自动计算出加工轨迹,如图 2-56 所示,右击或按 Esc 键结束命令。

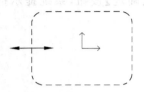

图 2-55　选择加工的侧边或补偿方向

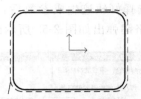

图 2-56　生成加工轨迹

(2) 轨迹跳步与取消跳步

当同一零件有多个加工轨迹时,为了确保各轨迹间的相对位置固定,可以通过跳步线将各个加工轨迹连接成一个跳步轨迹,其操作步骤如下:

① 按前述方法分别生成各加工轨迹。

② 单击工具栏中的轨迹跳步按钮 ，系统提示【拾取加工轨迹】。

③ 拾取并确定后,所选的各加工轨迹按选择的顺序被连接成一个跳步加工轨迹。图 2-57 显示了跳步前轨迹与跳步后轨迹的区别。

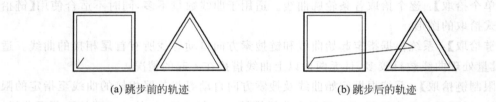

(a) 跳步前的轨迹　　　　　　　　(b) 跳步后的轨迹

图 2-57　轨迹跳步示意图

若想将生成的跳步轨迹分解成几个独立的加工轨迹,可单击取消跳步按钮 ，系统提示【拾取跳步加工轨迹】,拾取并确定后,所选的跳步轨迹被分解成几个独立的加工轨迹。

(3) 轨迹仿真与面积查询

对于生成的轨迹,系统可以进行动态或静态的仿真,以线框形式表达电极丝沿轨迹的运动,模拟实际加工过程中切割工件的情况。

轨迹仿真的操作如下:

单击轨迹仿真按钮 ，在图 2-58 所示的立即菜单中,选择好仿真方式和仿真运动速度参数(步长),拾取要仿真的轨迹,系统便开始进行模拟仿真。

如果选择【静态】方式,系统将用数字标出各加工轨迹线段的先后顺序;如果选择【连续】方式,系统将完整地模拟从起始切割到加工结束之间的动态全过程。

图 2-58　轨迹仿真立即菜单

通常,线切割加工的工时费是按切割面积计算的。CAXA 线切割系统可根据加工轨迹和切割工件的厚度自动计算加工轨迹的长度和实际切割的面积。

具体操作是:单击查询切割面积按钮 ,依照系统提示,拾取需查询的加工轨迹并输入工件厚度即可。

4. 线切割代码生成

所谓代码生成就是结合特定机床把系统生成的加工轨迹转化成机床代码。生成的机床代码可以直接输入机床控制器用于加工。

(1)生成 3B 代码

具体操作步骤如下:

① 单击【代码生成】按钮 ,在弹出的子工具栏中(如图 2-59 所示),单击生成 3B 代码按钮 ,或单击下拉菜单【线切割】→【生成 3B 代码】,系统弹出如图 2-60 所示的【生成 3B 加工代码】对话框,要求用户填写代码程序文件名。

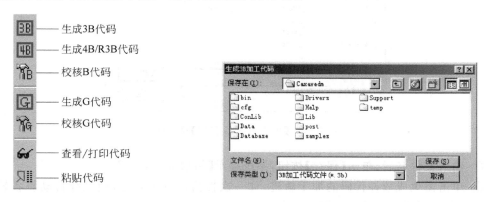

图 2-59 【代码生成】工具栏   图 2-60 【生成 3B 加工代码】对话框

② 输入文件名,单击【保存】按钮,系统弹出生成 3B 代码的立即菜单(如图 2-61 所示),并提示【拾取加工轨迹】。

图 2-61 生成 3B 代码的立即菜单

在立即菜单中设定所生成数控程序的格式、机床的停机码和暂停码,以及生成程序后是否打开记事本窗口来显示代码。

③ 当拾取加工轨迹后,该轨迹变成红色的虚线。系统允许一次性拾取多个加工轨迹。当拾取多个加工轨迹同时进行代码生成处理时,各轨迹间能根据拾取先后的顺序自动实现跳步。

④ 选择好轨迹后,右击结束拾取,系统自动生成数控程序。

另外,本系统还能生成 4B/R3B 格式的数控程序,方法与上述类似。

（2）生成 G 代码

具体操作步骤如下:

① 单击生成 G 代码按钮 ,系统弹出【生成机床 G 代码】对话框（如图 2-62 所示）,要求用户填写代码程序文件名。同时,系统在状态栏显示生成数控程序所适用的机床类型及信息。

图 2-62 【生成机床 G 代码】对话框

② 输入文件名后,单击【保存】按钮,系统提示【拾取加工轨迹】。

③ 单击需生成数控代码的加工轨迹,如一次性拾取多个轨迹,则系统自动将各轨迹按照拾取先后的顺序实现轨迹跳步功能。

④ 拾取加工轨迹后右击,系统弹出记事本窗口,显示生成的数控代码（如图 2-63 所示）。

（3）校核代码

该功能就是把生成的 B 代码文件或 G 代码文件反读进来,恢复线切割加工轨迹,以检查该代码程序的正确性。

校核 B 代码的具体操作如下:

① 单击校核 B 代码按钮 ,系统弹出一个要求用户选择数控程序的路径和文件名的对话框,如图 2-64 所示。

② 在此对话框中的【文件类型】栏中可切换"3B"或"4B/R3B"格式。

③ 选择需要校核的 B 代码程序,单击【打开】按钮,系统将 B 代码反读进来,生成相应的轨迹图形。

```
caxa - 记事本
文件(F)  编辑(E)  搜索(S)  帮助(H)
(CAXA.ISO,08/04/04,13:55:06)
N10 T84 T86 G90 G92X-55.000Y-44.000;
N12 G01 X-52.000 Y-30.000 ;
N14 G01 X-52.000 Y30.000 ;
N16 G02 X-40.000 Y42.000 I12.000 J0.000 ;
N18 G01 X40.000 Y42.000 ;
N20 G02 X52.000 Y30.000 I0.000 J-12.000 ;
N22 G01 X52.000 Y-30.000 ;
N24 G02 X40.000 Y-42.000 I-12.000 J0.000 ;
N26 G01 X-40.000 Y-42.000 ;
N28 G02 X-52.000 Y-30.000 I0.000 J12.000 ;
N30 G01 X-55.000 Y-44.000 ;
N32 T85 T87 M02;
```

图 2-63　记事本窗口

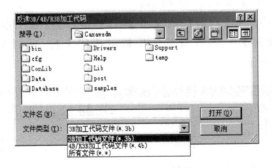

图 2-64　【反读 3B/4B/R3B 加工代码】对话框

校核 G 代码的具体操作如下：

① 单击校核 G 代码按钮 ，系统弹出一个要求用户选择数控程序的路径和文件名的对话框（与图 2-64 类似，只是文件类型改为后缀 ∗.ISO 的 G 代码文件）。

② 选择文件后，单击【打开】按钮，若反读代码中只包含直线程序，则系统直接生成反读轨迹；若反读代码中包含圆弧程序，则弹出如图 2-65 所示的【圆弧控制设置】对话框，该对话框中各选项的含义，可参考"后置设置"的内容。

③ 选择对话框中各参数后，单击【确定】按钮，系统则根据程序生成轨迹图形。

图 2-65　【圆弧控制设置】对话框

注意：

① 该功能不能读取坐标格式为整数且分辨率为非 1 的程序。

② 该功能只能对 G 代码的正确性进行校核，无法保证其精度要求，所以应避免将反读轨迹再重新输出。

（4）查看/打印代码

该功能容许用户对当前代码文件或存在代码文件进行查看、修改、打印操作。

具体操作如下：

① 单击查看/打印代码按钮 。如果当前代码文件已存在，则弹出立即菜单，该立即菜单有两个选项：【选择文件】和【当前代码文件】，如图 2-66 所示。

图 2-66　文件选择立即菜单

在立即菜单【1：】中选择【当前代码文件】项，右击，则查看当前代码文件；在立即菜单【1：】中选择【选择文件】项，则查看其他位置的代码文件，此时系统弹出【查看加工代码】对话框，如图 2-67 所示。

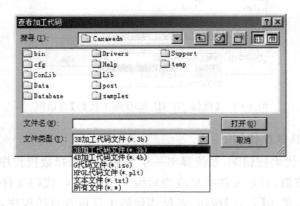

图 2-67　【查看加工代码】对话框

如果当前代码文件不存在，则直接弹出【查看加工代码】对话框。该对话框要求用户选择查看文件的路径和名称。单击对话框中的【文件类型】下三角按钮，在弹出的下拉列表中可选择 3B 加工代码文件、4B 加工代码文件、G 代码文件、HPGL 代码文件、文本文件及其他类型的文件。

② 选定文件后,单击【打开】按钮,系统弹出一个显示所选代码文件内容的记事本窗口。

③ 在记事本编辑区中可对程序进行查阅、修改等操作,如需打印,则在记事本窗口中单击【文件】下拉菜单中的【打印】菜单即可。

5. 代码传输

代码传输就是将数控代码通过通信电缆直接从计算机传输到数控机床上。CAXA 线切割提供了 4 种代码传输方式:应答传输、同步传输、串口传输和纸带穿孔。

应答传输是将生成的 3B 或 4B 加工代码以模拟电报头的方式传输给线切割机床。

同步传输是用模拟光电头的方式,将生成的 3B 和 4B 加工代码快速同步传输给线切割机床。

串口传输是利用计算机的串口将生成的加工代码快速传输给线切割机床。

纸带穿孔是将生成的 3B 代码传输给纸带穿孔机,穿孔机根据代码对纸带进行打孔处理。

其中,串口传输应用较多,具体操作如下:

① 单击串口传输按钮 ,系统弹出【串口传输】对话框(见图 2-68),要求输入串口传输的参数。这些参数包含波特率、奇偶校检、数据位、停止位数、端口、反馈字符、握手方式、结束代码、代码十进制形式、换行符的确定等。这些参数必须严格按控制器的串口参数来设置,确保计算机和控制器参数设置相同。

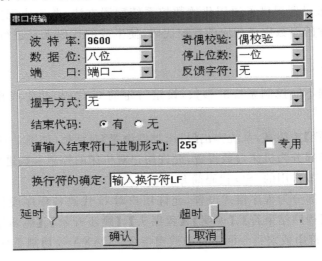

图 2-68　【串口传输】对话框

② 输入参数后,单击【确认】按钮,即弹出【选择传输文件】对话框(如图 2-69 所示)。被传输文件的格式可以是 ISO 文件、3B 代码文件、4B 代码文件、文本文件及其他类型的文件。

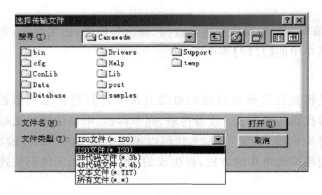

图 2-69　【选择传输文件】对话框

③ 选定文件及路径后,单击【确定】按钮,系统提示"点击鼠标键或按 Enter 键开始传输(Esc 退出)"。

④ 确保控制器已处于正常接收状态,按 Enter 键开始传输。

⑤ 传输完毕后,系统提示"传输结束",表示代码已成功传输。

6. 后置设置

后置设置是针对不同机床的数控系统来设置不同的机床参数和特定的数控代码。CAXA 线切割后置设置提供了通用化的数控系统配置方法,并生成配置文件,后置处理就是根据配置文件的参数生成相应的数控代码,使生成的代码无需进行修改便可被机床控制器直接解读。

(1) 机床设置

该功能是根据不同控制系统的参数,设定特定的 G 代码,并生成相应的配置文件。其具体操作如下。

单击【机床设置】按钮，系统弹出【机床类型设置】对话框(如图 2-70 所示)。

该对话框上半部分为机床参数设置,允许用户对机床的控制参数进行设置,其内容读者可参考 2.1.1 小节常用的 ISO 代码简介。

该对话框下半部分为程序格式设置,允许用户对 G 代码各程序段格式进行设置,包括【程序起始符】、【程序结束符】、【说明】、【程序头】、【跳步开始】、【跳步结束】、【程序尾】。其设置格式为:字符串或宏指令@字符串或宏指令。CAXA 线切割系统提供的宏指令见表 2-8。

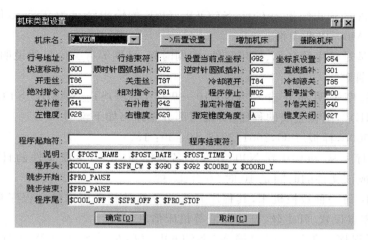

图 2-70 【机床类型设置】对话框

表 2-8 宏指令

名　称	代　码	名　称	代　码
当前后置文件名	$ POST_NAME	设置当前点坐标	$ G92
当前日期	$ POST_DATE	左补偿	$ DCMP_LFT
当前时间	$ POST_TIME	右补偿	$ DCMP_RCG
当前 X 坐标值	$ COORD_X	补偿取消	$ DCMP_OFF
当前 Y 坐标值	$ COORD_Y	坐标设置	$ WCOORD
当前程序号	$ POST_CODE	开走丝	$ SPN_ON
行号指令	$ LINE_NO_ADD	关走丝	$ SPN_OFF
行结束符	$ BLOCK_END	冷却液开	$ COOL_ON
速度指令	$ FEED	冷却液关	$ COOL_OFF
快速移动	$ GO	程序停止	$ PRO_STOP
直线插补	$ G1	程序暂停	$ PRO_PAUSE
顺圆插补	$ G2	左锥度	$ ZD_LEFT
逆圆插补	$ G3	右锥度	$ ZD_RIGHT
打开锥度	$ G28	关闭程序	$ ZD_CLOSE
关闭锥度	$ G27	换行标志符	@
绝对指令	$ G90	输出空格	$
相对指令	$ G91	输出字符串本身	字符串本身

例如，$G2 的输出结果为 G02，$COOL_OFF 的输出结果为 T85，$PRO_PAUSE 的输出结果为 M00，以此类推。

【说明】：是对程序的名称、调用零件、编制时间、日期等有关信息的说明，其作用是为了便于程序的管理。

例如，在程序说明部分输入"（N0010—9000，$POST_NAME，$POST_DATE，$POST_TIME）"，则在生成的程序中，说明部分将输出如下说明：

N0010—9000，样板.ISO，2001/29/8，10：30：15。

它表示程序号从 N0010 到 N9000，程序名为样板.ISO，生成文件的日期为 2001 年 8 月 29 日，生成该文件的时间是 10 时 30 分 15 秒。

【程序头】：每一种数控机床，其程序开头部分都是相对固定的。程序头一般包括机床零点、工件零点设置、开走丝、开冷却液等机床信息。

例如，在【程序头】文本框中输入" $COOL_ON@ $SPN_CW@ $G90@ $G92 $ $COORD_X $COORD_Y"，则生成的程序中，程序开头部分是

```
T84；
T86；
G90；
G92X(当前 X 坐标值)Y(当前 Y 坐标值)；
```

【跳步开始】：是设置执行跳步程序前机床的动作，通常设为程序暂停，即 $PRO_PAUSE。

【跳步结束】：是设置执行跳步程序后机床的动作，通常设为程序暂停，即 $PRO_PAUSE。

【程序尾】：类似于【程序头】，数控机床程序的结束部分也是相对固定的，程序尾通常包括机床回零、关闭冷却液、关闭走丝机构、程序结束等。

例如，在【程序尾】文本框中输入 $SPN_OFF@ $COOL_OFF@ $PRO_STOP，则在生成的程序中，结束部分程序为

```
T87；
T85；
M02；
```

（2）后置处理设置

该功能就是针对特定的机床，结合已经设置好的机床参数，对输出数控程序的格式进行设置。

单击【后置设置】按钮 ，系统弹出【后置处理设置】对话框（如图 2-71 所示）。

该对话框的参数包括【行号设置】、【编程方式设置】、【坐标输出格式设置】、【圆弧控制

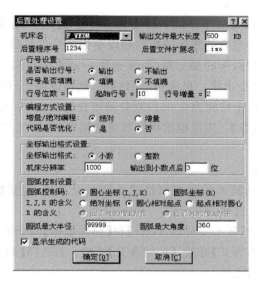

图 2-71　【后置处理设置】对话框

设置】及后置文件设置等。

①【行号设置】

包括【是否输出行号】、【行号是否填满】、【行号位数】、【起始行号】及【行号增量】。

【是否输出行号】：选中行号输出则在数控程序中的每一个程序段前输出行号。

【行号是否填满】：是指行号数不足规定的行号位数时，前面是否用"0"填充。

【行号位数】：是指行号数值的最大位数，例如行号位数为 4，则最大行号值是 N9999。

【起始行号】：一个数控程序的程序段行号可以从 1 开始，也可以从任何正整数开始，然后依次递增。例如起始行号为 1，则第一条程序段的行号即为 N0001；若起始行号等于 10，则第一程序的行号为 N0010。

【行号增量】：是指行号递增的数值，可分为连续递增（行号增量＝1）和间隙递增（行号增量＝任何整数）。

②【编程方式设置】

包括【增量/绝对编程】和【代码是否优化】两个选项。

【增量/绝对编程】：若选择【绝对】，则系统以绝对方式编程；若选择【增量】，则系统以相对方式编程。

【代码是否优化】：若选择【是】，则系统将优化代码坐标值，即当代码中程序段的坐标值与前一程序段的坐标值相等时，不再输出相同的坐标值；若选择【否】，则系统输出所有的坐标值。

③【坐标输出格式设置】

包括【坐标输出格式】、【机床分辨率】和【输出到小数点后几位】3 个选项。

【坐标输出格式】：决定数控程序的数值是以小数还是以整数输出。

【机床分辨率】：是指机床的加工精度，该选项一定要按照实际机床的加工精度进行设置，否则输出的程序将会出错。机床精度值越小，则精度高，分辨率也高，机床精度值与分辨率之积为 1。如果机床精度为 0.001，则分辨率设置为 1000，以此类推。

【输出到小数点后几位】：决定输出程序数值的精度，但不能超过机床的精度，否则无实际意义。

④【圆弧控制设置】

它是针对各种机床的圆弧编程控制格式不同而设立的，包括【圆弧控制码】、【I,J,K 的含义】、【R 的含义】3 个选项。

【圆弧控制码】：分为【圆心坐标(I,J,K)】和【圆弧坐标】两个单选框。若选择【圆心坐标(I,J,K)】，则【I,J,K 的含义】有效，【R 的含义】无效；若选择【圆弧坐标(R)】则【R 的含义】有效，【I,J,K 的含义】无效。

【I,J,K 的含义】包括【绝对坐标】、【圆心相对起点】和【起点相对圆心】3 个单选框。

【绝对坐标】：圆心坐标(I,J,K)的值是圆心相对于原点的坐标值。

【圆心相对起点】：圆心坐标(I,J,K)的值是圆心相对于起点的相对坐标值。

【起点相对圆心】：圆心坐标(I,J,K)的值是起点相对于圆心的相对坐标值。

【R 的含义】：分为【圆弧＞180 度 R 为负】和【圆弧＞180 度 R 为正】两个单选框。

【圆弧＞180 度 R 为负】：表示在圆弧程序中，当圆弧所对应的圆心角＞180°时，R 的值用负数表示。

【圆弧＞180 度 R 为正】：表示在圆弧程序中，当圆弧所对应的圆心角＞180°时，R 的值仍用正数表示。

⑤ 其他选项

【机床名】：不同的机床有不同的后置设置。如果要设置机床的后置设置，应先设定好机床配置，然后单击【机床名】下三角按钮，从下拉列表中选择相应的机床名。

【输出文件最大长度】：该项对生成数控程序的大小进行控制，文件的大小控制以 KB 为单位，例如在该文本框中输入 800，则表示生成的文件不能大于 800KB。若输出的程序文件大于该文本框所规定的值，则系统将自动分割该文件，例如当输出的程序文件 CAXA. ISO 超过规定的长度时，系统会自动将该文件分割为 CAXA0001. ISO，CAXA0002. ISO，CAXA0003. ISO 等。

【后置程序号】：记录不同后置程序编号，这样有利于后置程序的管理。

【后置文件扩展名】：设置生成数控程序文件的扩展名。系统默认的扩展名为.iso。

【显示生成的代码】：若选择该单选框，则代码文件生成后马上打开记事本窗口，以显示该代码文件的内容。

（3）R3B 后置设置

R3B 设置是针对不同的机床其 4B/R3B 代码存在差异而设置的，通过 R3B 设置可以输出特定机床的 4B/R3B 代码。其具体操作如下。

单击【R3B 后置设置】按钮 R3B，系统弹出【R3B 设置】对话框（如图 2-72 所示）。在该对话框中可进行选择机床、修改机床设置、添加新机床、删除机床等操作。

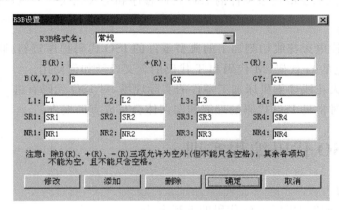

图 2-72 【R3B 设置】对话框

① 选择机床

单击【R3B 格式名】下三角按钮，在弹出的下拉列表中选择相应的机床名。

② 修改机床设置

选择要修改的机床名后，在各命令文本框中修改与机床设置相应的命令代码，然后单击【修改】按钮。

③ 添加新机床

单击【添加】按钮，系统弹出【增加新的 R3B 格式】对话框（如图 2-73 所示）。输入新格式名后，单击【确定】按钮，返回到【R3B 设置】对话框。在该对话框中填写各文本框后，再单击【修改】按钮，即完成新机床 R3B 的设置。

图 2-73 【增加新的 R3B 格式】对话框

④ 删除机床

选择要删除的机床名后，单击【删除】按钮，即完成该机床的删除。

读者学习实训 6 可进一步掌握本节内容。

实训 2 ISO 代码实训

1. 实训目的

掌握电火花线切割机床采用的 ISO 代码的含义以及使用方法。

2. 实训资料及设备

电火花线切割加工的典型零件的 ISO 代码程序和电火花线切割机床。

3. 实训内容

（1）仔细阅读电火花线切割加工的典型零件的 ISO 代码程序资料，联系前述 ISO 代码内容，理解常见的 G 代码、M 代码和 T 代码的含义以及如何使用。

（2）观看电火花线切割机床加工零件的实际现场，对 ISO 代码有进一步的理解。

（3）将自己对常见 ISO 代码的理解和实训体会写成实训报告。

实训 3 ISO 代码编程实训

1. 实训目的

掌握电火花线切割机床 ISO 代码的编程方法。

2. 实训资料

编程零件的图纸以及任务书。

3. 实训内容

用 ISO 代码编制加工如图 2-74 所示零件的凸模和凹模的线切割加工程序。凸、凹模的单边间隙为 0.05mm，线切割加工用的电极丝直径为 ϕ0.18mm，单边放电间隙为 0.01mm。

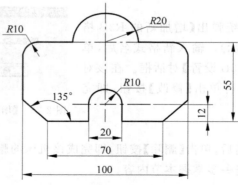

图 2-74 模具加工零件的形状

实训 4　3B 代码编程实训

1. 实训目的
掌握电火花线切割机床 3B 代码的编程方法。

2. 实训资料
编程零件的图纸以及任务书。

3. 实训内容
用 3B 代码编制加工如图 2-75 所示的凸模和凹模的线切割加工程序。凸、凹模的单边间隙为 0.05mm,线切割加工用的电极丝直径为 $\phi 0.18$mm,单边放电间隙为 0.01mm。

实训 5　YH 软件使用实训

1. 实训目的
为培养学生的实际操作技能,采用 YH 软件进行电火花线切割自动编程。通过实训,充分掌握 YH 软件的操作,培养采用本软件进行绘制和编辑工件图形的能力,以及对图形进行自动编程的能力。

2. 实训资料及设备
工件图形的图纸和装有 YH 线切割编程软件的计算机。

3. 实训内容及要求
(1) 熟悉 YH 线切割编程软件的界面、操作和主要功能

要求熟练掌握鼠标和键盘的使用、命令的调用、数据的输入等操作。

(2) 掌握绘制和编辑工件的图形

要求熟练掌握点、直线、圆、切线、切圆等绘图操作,以及常用的剪切、平移、旋转、等分、镜像等编辑操作。

(3) 掌握对图形进行自动编程,生成 ISO,3B 代码

要求熟练掌握 YH 线切割编程软件的自动编程功能,掌握补偿量设置、旋转跳步、平移跳步、锥度工件加工、代码输出等操作。

实训 6　CAXA 线切割软件使用实训

1. 实训目的
为培养学生的实际操作技能,采用 CAXA 线切割软件进行电火花线切割自动编程。

通过实训,充分掌握 CAXA 线切割软件的操作,达到下列要求:

(1) 具有采用本软件进行绘制和编辑工件图形的能力;

(2) 确定切割参数,设定切割补偿量,生成加工轨迹;

(3) 对加工轨迹进行仿真,以验证加工轨迹的正确性,并能查询切割面积;

(4) 将加工轨迹生成 3B 代码和 G 代码;

(5) 进行后置处理,即针对特定的机床,结合已经设置好的机床参数,对输出数控程序的格式进行设置。

2. 实训资料及设备

工件图形的图纸和装有 CAXA 线切割编程软件的计算机。

3. 实训内容

(1) 绘制和编辑工件图形轮廓;

(2) 生成加工轨迹;

(3) 仿真加工,查询切割面积;

(4) 生成 3B 代码和 G 代码;

(5) 进行后置处理。

习题

2.1　代码 G04,M00,M02 的含义是什么? 使用时有何不同?

2.2　直线的 3B 代码编程与圆弧的 3B 代码编程有何不同? 复杂形状的图形将如何编程?

2.3　采用 YH 软件时,数据的输入方法有哪些? 各种方法如何使用?

2.4　采用 YH 软件自动编程能生成什么格式的代码?

2.5　采用 YH 软件时,光标的变化有哪些形状? 操作时如何利用光标形状的变化?

2.6　采用 CAXA 线切割软件进行自动编程的步骤有哪些?

第 3 章

线切割机操作

3.1 线切割加工原理简介

电火花加工是基于电火花腐蚀原理,当工具电极与工件电极相互靠近时,在极间形成脉冲性火花放电,在电火花通道中产生瞬时高温,使金属局部熔化,甚至汽化,从而将金属蚀除下来。这一过程大致分为以下几个阶段,如图 3-1 所示。

(1) 处在绝缘的工作液介质中的工具电极和工件电极,两电极加上无负荷直流电压 U,伺服电极向工件运动,极间距离逐渐缩小。

(2) 当极间距离(即放电间隙)小到一定程度时(一般为 0.01mm 左右),阴极逸出的电子在电场作用下向阳极高速运动,并在运动中撞击介质中的中性分子和原子,产生碰撞电离,形成带负电的粒子(主要是电子)和带正电的粒子(主要是正离子)。当电子到达阳极时,介质被击穿,放电通道形成(如图 3-1(a)所示)。

(3) 两极间的介质一旦被击穿,电源便通过放电通道释放能量。大部分能量转换成热

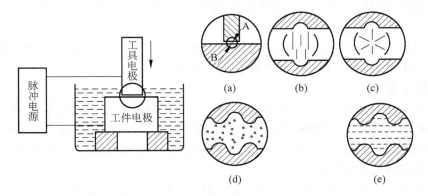

图 3-1　电火花加工原理

能,放电点附近的温度高达 3000℃以上,使两极间放电点局部熔化(如图 3-1(b),(c)所示)。

(4) 在热爆炸力、流体动力等综合因素的作用下,被熔化或汽化的材料被抛出,产生一个个小坑(如图 3-1(d)所示)。

(5) 脉冲放电结束,介质恢复绝缘(如图 3-1(e)所示)。

电火花线切割加工是通过电火花放电产生的热来熔解去除金属的,具有"以柔克刚"的优点,与被加工材料的硬度无关,加工中不存在显著的机械切削力。同时由于工具电极是直径为 $\phi 0.2mm$ 左右的铜丝或钼丝,电极与工件之间存在着"疏松接触"式轻压放电现象。近年来的研究结果表明,当柔性电极丝与工件接近到通常认为的放电间隙(例如 $8\sim10\mu m$)时,并不发生火花放电,甚至当电极丝已接触到工件,从显微镜中已看不到间隙时,也常常看不到火花。只有当工件将电极丝顶弯,偏移一定距离(几微米到几十微米)时,才发生正常的火花放电,也即每进给 $1\mu m$,放电间隙并不减小 $1\mu m$,而是钼丝增加一点张力,向工件增加一点侧向压力,只有电极丝和工件之间保持一定的轻微接触压力,才形成火花放电。可以认为,在电极丝和工件之间存在着某种电化学产生的绝缘薄膜介质,当电极丝被顶弯所造成的压力和电极丝相对工件的移动摩擦使这种介质减薄到可被击穿的程度,才发生火花发电。放电发生之后产生的爆炸力可能使电极丝局部振动而脱离接触,但宏观上仍是轻压放电。

3.2   线切割加工中的电参数和非电参数

1. 电参数

(1) 放电峰值电流 i_e

放电峰值电流 i_e 增大,单个脉冲能量增多,工件放电痕迹增大,故切割速度(单位时间内电极丝中心线在工件上切过的面积的总和,单位为 mm^2/min)迅速提高,表面粗糙度数值增大,电极丝损耗增大,加工精度有所下降。因此第一次切割加工及加工较厚工件时取较大的放电峰值电流 i_e。

放电峰值电流 i_e 不能无限制增大,当其达到一定临界值后,若再继续增大峰值电流 i_e,则加工的稳定性变差,加工速度明显下降,甚至断丝。

(2) 脉冲宽度 t_i

在其他条件不变的情况下,增大脉冲宽度 t_i,线切割加工的速度提高,表面粗糙度变差。这是因为当脉冲宽度增加,单个脉冲放电能量增大,放电痕迹会变大。同时,随着脉冲宽度的增加,电极丝损耗也变大。因为脉冲宽度增加,正离子对电极丝的轰击加强,结果使得接负极的电极丝损耗变大。

当脉冲宽度 t_i 增大到一临界值后,线切割加工速度将随脉冲宽度的增大而明显减小。因为当脉冲宽度 t_i 达到一临界值后,加工稳定性变差,从而影响了加工速度。

（3）脉冲间隔 t_0。

在其他条件不变的情况下，减小脉冲间隔 t_0，脉冲频率将提高，所以单位时间内放电次数增多，平均电流增大，从而提高了切割速度。

脉冲间隔 t_0 在电火花加工中的主要作用是消电离和恢复液体介质绝缘。脉冲间隔 t_0 不能过小，否则会影响电蚀产物的排出和火花通道的消电离，导致加工稳定性变差和加工速度降低，甚至断丝。当然，也不是说脉冲间隔 t_0 越大，加工就越稳定。脉冲间隔过大会使加工速度明显降低，严重时不能连续进给，加工变得不稳定。

（4）极性

线切割加工因脉宽较窄，所以都用正极性加工（工件为正极），否则会使切割速度变低且电极丝损耗增大。

综上所述，电参数对线切割电火花加工的工艺指标的影响有如下规律：

① 加工速度随着加工峰值电流、脉冲宽度的增大以及脉冲间隔的减小而提高，即加工速度随着加工平均电流的增加而提高。有试验证明，增大峰值电流对切割速度的影响比用增大脉冲宽度的办法显著。

② 加工表面粗糙度数值随着加工峰值电流、脉冲宽度的增大及脉冲间隔的减小而增大，只不过脉冲间隔对表面粗糙度影响较小。

③ 脉冲间隔的合理选取，主要与工件厚度有关。工件较厚时，因排屑条件不好，可以适当增大脉冲间隔。

实践表明，在加工中改变电参数对工艺指标影响很大，必须根据具体的加工对象和要求，综合考虑各因素及其相互影响关系，选取合适的电参数，既优先满足主要加工要求，又同时注意提高各项加工指标。例如，加工精密零件时，精度和表面粗糙度是主要指标，加工速度是次要指标，这时选择电参数主要满足尺寸精度高、表面粗糙度好的要求。又如加工低精度零件时，对尺寸的精度和表面粗糙度要求低一些，故可选较大的加工峰值电流、脉冲宽度，尽量获得较高的加工速度。此外，不管加工对象和要求如何，还须选择适当的脉冲间隔，以保证加工稳定进行，提高脉冲利用率。因此选择电参数值是相当重要的，只要能客观地运用它们的最佳组合，就一定能够获得良好的加工效果。

低速走丝线切割机床及部分高速走丝线切割机床（如北京阿奇）的生产厂家在操作说明书中给出了较为科学的加工参数表。在操作这类机床时，一般只需按照说明书正确地选用参数表即可。而对绝大部分高速走丝机床而言，初学者可以根据操作说明书中的经验值大致选取，然后根据电参数对加工工艺指标的影响具体调整。

2．非电参数

（1）电极丝

① 材料

电火花线切割加工使用的电极丝材料有钼丝、钨丝、钨钼合金丝、黄铜丝、铜钨丝等。

目前,高速走丝线切割加工中广泛使用直径 0.18mm 左右的钼丝作为电极丝,低速走丝线切割加工中广泛使用直径 0.1~0.4mm 的黄铜丝作为电极丝。

② 直径

电极丝的直径对加工速度的影响较大。若电极丝直径过小,则承受电流小,切缝也窄,不利于排屑和稳定加工,显然不可能获得理想的切割速度。因此,在一定的范围内,电极丝的直径加大对切割速度是有利的。但是,电极丝的直径超过一定程度,造成切缝过大,反而又影响了切割速度的提高。因此,电极丝的直径又不宜过大。同时,电极丝直径对切割速度的影响也受脉冲参数等综合因素的制约。图 3-2(a)就是高速走丝线切割机床电极丝直径对切割速度影响的一组实验曲线。

③ 走丝速度

对于高速走丝线切割机床,在一定的范围内,随着走丝速度的提高,有利于脉冲结束时放电通道迅速消电离。同时,高速运动的电极丝能把工作液带入厚度较大工件的放电间隙中,有利于排屑和放电加工稳定进行。故在一定加工条件下,随着丝速的增大,加工速度提高。图 3-2(b)为高速走丝线切割机床走丝速度与切割速度关系的实验曲线。

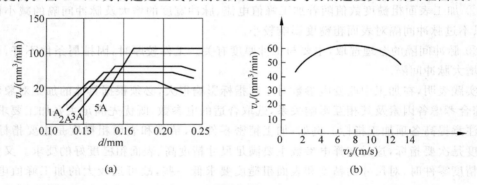

图 3-2　高速走丝方式丝径和丝速对加工速度的影响

④ 电极丝张力对工艺指标的影响

电极丝张力的大小对线切割加工精度和速度等工艺指标有重要的影响。若电极丝的张力过小,一方面电极丝抖动厉害,会频繁造成短路,以致加工不稳定,加工精度不高;另一方面,电极丝过松使电极丝在加工过程中受放电压力作用而产生的弯曲变形严重,结果电极丝切割轨迹落后并偏移工作轮廓,即出现加工滞后现象,从而造成形状和尺寸误差。如切割较厚的圆柱时会出现腰鼓形状,严重时电极丝在快速运转过程中会跳出导轮槽,从而造成断丝等故障。但如果过分将张力增大时,切割速度不仅不继续上升,反而容易断丝。电极丝断丝的机械原因主要是由于电极丝本身受抗拉强度的限制。

在高速走丝线切割加工中,由于受电极丝直径、丝使用时间的长短等因素限制,一般电极丝在使用初期张力可大些,使用一段时间后,张力宜小一些。

在低速走丝加工中,设备操作说明书一般都有详细的张紧力设置说明,初学者可以按照说明书去设置,有经验者可以自行设定。对多次切割,可以在第一次切割时稍微减小张紧力,以避免断丝。

(2) 工作液

线切割机床的工作液有煤油、去离子水、乳化液、酒精溶液等。目前高速走丝线切割工作液广泛采用的是乳化液,其加工速度快。低速走丝线切割机床采用的工作液是去离子水和煤油。

低速走丝线切割机的加工精度高、粗糙度低,对工作液的杂质和温度有较高的要求,因而相对高速走丝线切割机床的工作液简易过滤箱,低速走丝线切割机床有一套复杂的工作液循环过滤系统。

(3) 工作材料及厚度

① 工作材料对工艺指标的影响

工艺条件大体相同的情况下,工件材料的化学、物理性能不同,加工效果也会有较大差异。

在低速走丝方式、煤油介质情况下,加工铜件过程稳定,加工速度较快;加工硬质合金等高熔点、高硬度、高脆性材料时,加工稳定性及加工速度都比加工铜件低;加工钢件,特别是不锈钢、磁钢和未淬火硬度低的钢等材料时,加工稳定性差,加工速度低,表面粗糙度也差。

在高速走丝方式、乳化液介质的情况下,加工铜件、铝件时加工过程稳定,加工速度快;但电极丝易涂复一层铜、铝电蚀物微粒,加速导电块磨损。加工不锈钢、磁钢、未淬火硬度低的钢件时,加工稳定性差些,加工速度低,表面粗糙度也差;加工硬质合金钢或淬火硬度高的钢件时,加工还比较稳定,加工速度较高,表面粗糙度好。

金属材料的物理性能(如熔点、沸点、导热性能等)对线切割加工的过程有较大的影响。金属材料的熔点、沸点越高,越难加工;材料的导热系数越大,则加工效率越低。表 3-1 为常用工件材料的有关元素或物质的熔点和沸点。

表 3-1　常用工件材料的有关元素或物质的熔点和沸点

	碳(石墨) C	钨 W	碳化钛 TiC	碳化钨 WC	钼 Mo	铬 Cr	铁 Fe	铜 Cu	铝 Al
熔点/℃	3700	3410	3150	2720	2625	1890	1540	1083	660
沸点/℃	4830	5930	—	6000	4800	2500	2740	2600	2060

② 工件厚度对工艺指标的影响

工件厚度对工作液进入和流出加工区域以及电蚀产物的排除、通道的消电离等都有较大的影响。同时,电火花通道压力对电极丝抖动的阻尼作用也与工件厚度有关。这样,工件厚度对电火花加工稳定性和加工速度必然产生相应的影响。工件材料薄,工作液容易进入和充满放电间隙,对排屑和消电离有利,加工稳定性好。但是工件若太薄,对固定丝架来说,电极丝从工件两端面到导轮的距离大,易发生抖动,对加工精度和表面粗糙度带来不良影响,且脉冲利用率低,切割速度下降;若工件材料太厚,工作液难以进入和充满放电间隙,这样对排屑和消电离不利,加工稳定性差。

工件材料的厚度大小对加工速度有较大影响。在一定的工艺条件下,加工速度随工件厚度的变化而变化,一般都有一个对应最大加工速度的工件厚度。图 3-3 为低速走丝时,工件厚度对加工速度的影响。图 3-4 为高速走丝时,工件厚度对加工速度的影响。

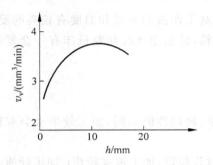
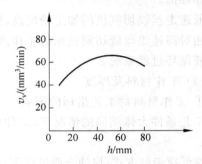

图 3-3 低速走丝时工件厚度对加工速度的影响   图 3-4 高速走丝时工件厚度对加工速度的影响

线切割加工规律可以结合实训 7 来理解。

3.3 线切割机床操作

1. 线切割机床 Z 轴行程的调整

线切割加工时,高速走丝机床的上导轮(或低速走丝机床的上导向器)与下导轮(或下导向器)的距离由加工工件的厚度决定。上导轮与下导轮的距离越小,电极丝运行时振动的振幅越小,加工粗糙度越低。线架的下臂是固定的,上臂是可调的。高速走丝线切割机床是靠手摇手轮调整 Z 轴行程,低速走丝线切割机床是按 Z 向键自动调整 Z 轴行程。要注意的是,高速走丝机床在调整 Z 轴行程前须松开锁紧螺钉,调整后须固紧锁紧螺钉,而低速走丝线切割机床是自动锁紧。Z 轴行程即上臂升降的位置由工件上表面决定,高速走丝线切割机床的上臂下表面与工件上表面的距离一般是 10～20mm,低速走丝线切割机床 Z 轴行程的调整按说明书要求确定。例如北京阿奇公司的 XENON 低速走丝线切割机要求工件上表面与喷嘴端面距离保持在 0.05～0.10mm。

2. 线切割机床的上丝及穿丝操作

（1）上丝操作

上丝的过程是将电极丝从丝盘绕到高速走丝线切割机床贮丝筒上的过程。对不同的机床操作可能略有不同,下面以北京阿奇公司的 FW 系列为例说明上丝的三个要点(如图 3-5,图 3-6 所示)。

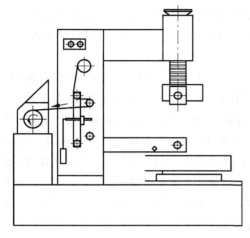

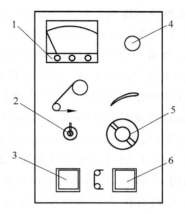

图 3-5　上丝示意图

图 3-6　贮丝筒操作面板

1—上丝电机电压泵;2—上丝电机启停开关;3—丝筒运转开关;4—紧急停止开关;5—上丝电机电压调节按钮;6—丝筒停止开关

① 上丝以前,要先移开左、右行程开关,再启动丝筒,将其移到行程左端或右端极限位置(目的是将电极丝上满,如果不需要上满,则需与极限位置有一段距离);

② 上丝过程中要打开上丝电机起停开关,并旋转上丝电机电压调节按钮以调节上丝电机的反向力矩(目的是保证上丝过程中电极丝上有均匀的张力);

③ 按照机床的操作说明书,按上丝示意图提示将电极丝从丝盘绕到贮丝筒上。

注意:应在上丝前试好左右行程开关与丝筒旋转方向、丝筒移动方向的对应关系,以确定上丝时启动的行程开关。

(2) 穿丝操作

穿丝操作三个要点:

① 拉动电极丝头,按照操作说明书依次绕接各导轮、导电块至贮丝筒。在操作中要注意手的力度,防止电极丝打折。

② 穿丝开始时,首先要保证贮丝筒上的电极丝与辅助导轮、张紧导轮、主导轮在同一个平面上(注:非常重要!),否则在运丝过程中,贮丝筒上的电极丝会重叠,从而导致断丝。

③ 穿丝后人工启动行程开关时,要注意丝筒移动的方向,并要调整左右行程挡杆,使贮丝筒左右往返换向时,贮丝筒左右两端留有 3～5mm 的电极丝余量。

线切割机床的上丝和穿丝可以结合实训 8、9 来理解。

3. 电极丝垂直度的调整

在进行精密零件加工或切割锥度等情况下需要重新校正电极丝对工作台平面的垂直度。电极丝垂直度找正的常见方法有两种，一种是利用找正块，另一种是利用校正器。

（1）利用找正块进行火花法找正

找正块是一个六方体或类似六方体（如图 3-7（a）所示）。在校正电极丝垂直度时，首先目测电极丝的垂直度，若明显不垂直，则调节 U、V 轴，使电极丝大致垂直工作台；然后将找正块放在工作台上，在弱加工条件下，将电极丝沿 X 方向缓缓移向找正块。当电极丝块碰到找正块时，电极丝与找正块之间产生火花放电，肉眼观察产生的火花。若火花上下均匀（如图 3-7（b）所示），则表明该方向上电极丝垂直度良好；若下面火花多（如图 3-7（c）所示），则说明电极丝右倾，故将 U 轴的值调小，直至火花上下均匀；若上面火花多（如图 3-7（d）所示），则说明电极丝左倾，故将 U 轴的值调大，直至火花上下均匀。同理，调节 V 轴的值，使电极丝在 V 轴垂直度良好。

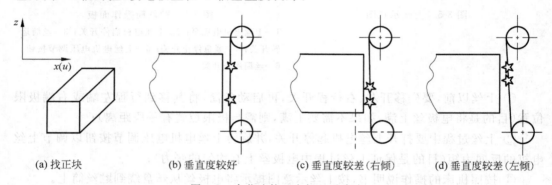

| (a) 找正块 | (b) 垂直度较好 | (c) 垂直度较差(右倾) | (d) 垂直度较差(左倾) |

图 3-7　火花法校正电极丝垂直度

在用火花法校正电极丝的垂直度时，需要注意几点：

① 找正块使用一次后，其表面会留下细小的放电痕迹。下次找正时，要重新换位置，不可用有放电痕迹的位置碰火花校正电极丝的垂直度。

② 在精密零件加工前，分别校正 U，V 轴的垂直度后，需要再检验电极丝垂直度校正的效果。具体方法是：重新分别从 U，V 轴方向碰火花，看火花是否均匀。若 U，V 方向上火花均匀，则说明电极丝垂直度较好；若 U，V 方向上火花不均匀，则重新校正，再检验。

③ 在校正电极丝垂直度之前，电极丝应张紧，张力与加工中使用的张力相同。

④ 在用火花法校正电极丝垂直度时，电极丝要运行，以免电极丝断丝。

（2）用校正器进行校正

校正器是一个触点与指示灯构成的光电校正装置，电极丝与触点接触时指示灯亮。它的灵敏度较高，使用方便且直观。底座用耐磨不变形的大理石或花岗岩制成（见图 3-8）。

使用校正器进行校正电极丝垂直度的方法与火花法大致相似（见图 3-9），主要区别是：火花法是观察火花上下是否均匀，而用校正仪则是观察指示灯。若在校正过程中，指示灯同时亮，则说明电极丝垂直度良好，否则需要校正。

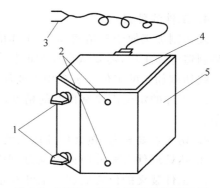

图 3-8　DF55—J50A 型垂直度校正器
1—上下测量头；2—上下指示灯；
3—导线及夹子；4—盖板；5—支座

在使用校正器校正电极丝的垂直度中，要注意几点：

① 电极丝停止运行，不能放电；

② 电极丝应张紧，电极丝的表面应干净；

③ 若加工零件精度高，则电极丝垂直度在校正后需要检查，其方法与火花法类似。

电极丝的校正可以结合实训 10 来理解。

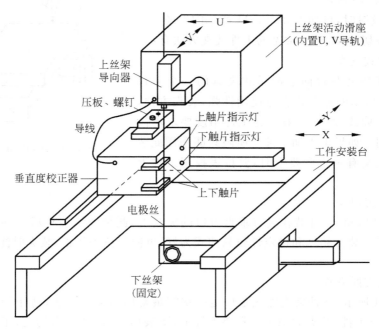

图 3-9　垂直度校正器校正工件

4. 工件的装夹

线切割加工属于较精密加工,工作的装夹对加工零件的定位精度有直接影响,特别在模具制造等加工中,需要认真仔细地装夹工件。

线切割加工的工件在装夹中需要注意如下几点:

① 工件的定位面要有良好的精度,一般以磨削加工过的面定位为好,棱边倒钝,孔口倒角。

② 切入点要导电,热处理件切入处要去除残物及氧化皮。

③ 热处理件要充分回火去应力,平磨件要充分退磁。

④ 工件装夹的位置应利于工件找正,并应与机床的行程相适应,夹紧螺钉高度要合适,避免干涉到加工过程,上导轮要压得较低。

⑤ 对工件的夹紧力要均匀,不得使工件变形和翘起。

⑥ 批量生产时,最好采用专用夹具,以利于提高生产率。

⑦ 加工精度要求较高时,工件装夹后,必须通过百分表来校正工件,使工件平行于机床坐标轴,垂直于工作台(如图 3-10 所示)。

⑧ 工件较厚时,可加上如图 3-11 所示的电缆。

在实际线切割加工中,常见的工件装夹方法有:

(1) 悬臂式支撑

工件直接装夹在台面上或桥式夹具的一个刃口上,如图 3-12 所示的悬臂式支撑通用性强,装夹方便,但容易出现上仰或倾斜,一般只在工件精度要求不高的情况下使用。如果由于加工部位所限只能采用此装夹方法而加工又有垂直度要求时,要拉表找正工件上表面。

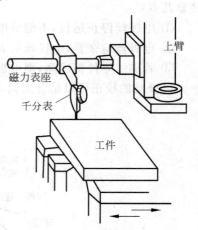

图 3-10　线切割加工找正

(2) 垂直刃口支撑

如图 3-13 所示,工件装在具有垂直刃口的夹具上,此种方法装夹后工件也能悬伸出一角便于加工。装夹精度和稳定性较悬伸式为好,也便于拉表找正,装夹时注意夹紧点对准刃口。

(3) 桥式支撑方式

如图 3-14 所示,此种装夹方式是快走线切割最常用的装夹方法,适用于装夹各类工件,特别是方形工件,装夹后稳定。只要工件上、下表面平行,装夹力均匀,工件表面即能保证与台面平行。桥的侧面也可作定位面使用,拉表找正桥的侧面与工作台 X 方向平行,工件如果有较好的定位侧面,与桥的侧面靠紧即可保证工件与 X 方向平行。

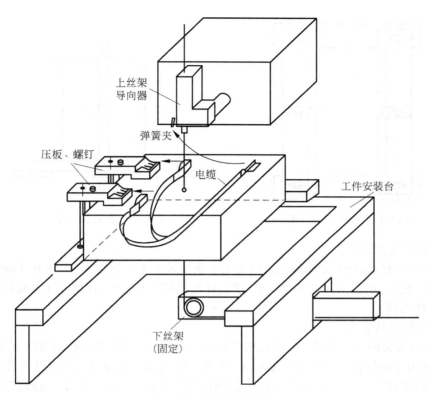

上丝架
导向器

弹簧夹

压板、螺钉

电缆

工件安装台

下丝架
（固定）

图 3-11 较厚工件的装夹

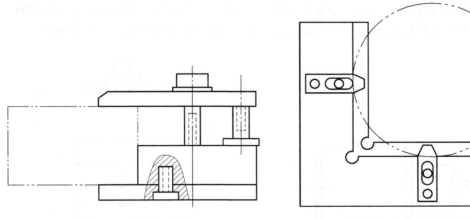

图 3-12 悬臂式支撑

图 3-13 垂直刃口支撑

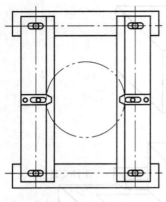 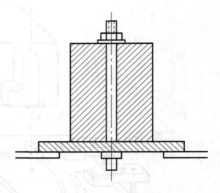

图 3-14　桥式支撑方式　　　　　图 3-15　板式支撑方式

（4）板式支撑方式

如图 3-15 所示,加工某些外周边已无装夹余量或装夹余量很小、中间有孔的零件,可在底面加一托板,用胶粘固或螺栓压紧,使工件与托板连成一体,且保证导电良好,加工时连托板一块切割。

（5）分度夹具装夹

① 轴向安装的分度夹具:如小孔机上弹簧夹头的切割,要求沿轴向切两个垂直的窄槽,即可采用专用的轴向安装的分度夹具,如图 3-16 所示。分度夹具安装于工作台上,三爪内装一检棒,拉表跟工作台的 X 或 Y 方向找平行,工件安装于三爪上,旋转找正外圆和端面。找中心后切完第一个槽,旋转分度夹具旋钮,转动 90°,切另一槽。

② 端面安装的分度夹具:如加工中心上链轮的切割,其外圆尺寸已超过工作台行程,不能一次装夹切割,即可采用分齿加工的方法。如图 3-17,工件安装在分度夹具的端面上,通过心轴定位在夹具的锥孔中,一次加工 2～3 齿,通过连续分度完成一个零件的加工。

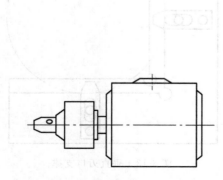 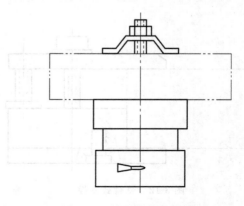

图 3-16　轴向安装的分度夹具　　　　　图 3-17　端面安装的分度夹具

5．电极丝的定位

有些工件,线切割的加工部位要以已加工好的外形面或圆孔、矩形孔为定位基准时,就须先确定电极丝在这些定位基准中的位置。例如,确定电极丝与外形面相切时的位置,确定电极丝在圆孔、矩形孔的中心位置,再按程序移动电极丝到加工部位进行加工,这样才能保证工件的位置精度。一般的线切割机床,都具有自动找端面功能、自动找中心功能。

（1）自动找端面

自动找端面是靠检测电极丝与工件之间的短路信号来进行的,可分为粗定位和精定位两种。把增量进给按键置于×100 或×1000 位置时为粗定位;把增量进给按键置于×1或×10 位置时为精定位,一次进给 0.001mm 或 0.01mm。对于高精度零件,要进行多次精定位,用平均值求出定位坐标值。

（2）自动找中心

和自动找端面的原理相同。找孔中心时,系统自动先后对 X,Y 两轴的正负两方向定位,自动计算平均值,并定位在中点,如图 3-18 所示,先定位在圆的 X 方向的中点,再定位在圆的 Y 方向的中点,即是该圆的圆心。影响自动找中心精度的关键是孔的精度、粗糙度及清洁。特别是热处理后的孔的氧化层难以清除,最好对定位孔进行磨削。

电极丝的定位可以结合实训 11 来理解。

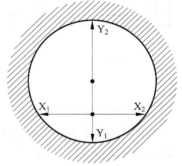

图 3-18　自动找中心

6．导电块的调整

高速走丝线切割机脉冲电源的负极通过导电块与高速运行的电极丝接触,运行一段时间后,导电块会被磨损出一条凹槽,凹槽会增加电极丝与导电块的摩擦,加大电极丝的纵向振动,影响加工精度和表面粗糙度,因此,在适当的时候就应调整导电块的位置,让电极丝避开磨损的凹槽。导电块有两种结构,一种是圆柱形,电极丝与导电块的圆柱面接触导电。调整方法:松开螺母,轴向移动或转动导电块,避开凹槽,再紧固螺母。另一种是方形或圆形的薄片,电极丝与导电块大面接触导电。调整方法:移动方形薄片或转动圆形薄片,避开凹槽。

7．线切割机床操作技巧简介

低速走丝线切割机的加工精度可达 $2\mu m$,而高速走丝线切割机的加工精度仍徘徊在 $15\mu m$ 左右,一个重要原因是低速走丝线切割机采用了多次切割工艺,高速走丝线切割的多次切割工艺虽经过行业多年的努力,有一定的效果,但是仍未达到应用阶段。但是,高速走丝线切割工艺经过多年的实践,积累了许多经验,如果掌握了一定的操作技巧,仍然可以在原有工艺指标的基础上提高一个档次。下面对高速走丝线切割机提高加工精度的操作技巧作简要介绍。

（1）切割路线

如图 3-19 所示,图 3-19(c)的工艺路线最好,图 3-19(a)和图 3-19(b)不打穿丝孔,从外切入工件,切第一边时使工件的内应力失去平衡而产生变形,再加工第二边、第三边、第四边,误差增大。图 3-19(d)使工件的装夹部分与加工部分在切第一边时就被大部分割离,减小了工件后面加工时的刚度,误差较大。

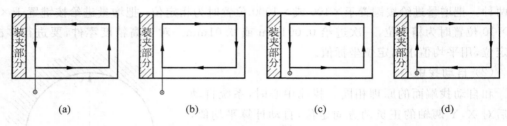

图 3-19　切割凸模时穿丝孔位置及切割方向比较图

（2）合理确定穿丝孔位置

许多模具制造者在切割凸模类外形工件时,常常直接从材料的侧面切入,在切入处产生缺口,残余应力从切口处向外释放,易使凸模变形。为了避免变形,在淬火前先在模坯上打了穿丝孔,孔径 3～10mm,待淬火后从模坯内对凸模进行封闭切割,如图 3-20(a)所示。穿丝孔的位置宜选在加工图形的拐角附近(如图 3-20(a)所示),以简化编程运算,缩短切入的切割行程。切割凹模时,对于小型工件,如图 3-20(b)所示零件,穿丝孔宜选在工件待切割型孔的中心;对于大型工件,穿丝孔可选在靠近切割图形的边角处或已知坐标尺寸的交点上,以简化运算过程。

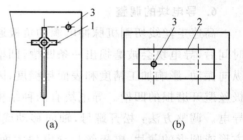

图 3-20　线切割穿丝孔的位置
1—凸模；2—凹模；3—穿丝孔

（3）断丝处理

① 断丝后丝筒上剩余丝的处理

若丝断点接近两端,剩余的丝还可利用,先把丝较多的一边断头找出并固定,抽掉另一边的丝,然后手摇丝筒让断丝处位于立柱背面过丝槽中心,重新穿丝,定好限位,即可继续加工。

② 断丝后原地穿丝

原地穿丝时若是新丝,注意用中粗砂纸打磨其头部一段,使其变细变直,以便穿丝。

③ 回穿丝点

若原地穿丝失败,只能回穿丝点,反方向切割对接。由于机床定位误差、工件变形等原因,对接处会有误差。若工件还有后续抛光、锉修工序,而又不希望在工件中间留下接刀痕,可沿原路切割。由于二次放电等因素,已切割面表面会受影响,但尺寸不受多大影响。

（4）短路处理

① 排屑不良引起的短路

短路回退太长会引起停机,若不排除短路则无法继续加工。可原地运丝,并向切缝处滴些煤油清洗切缝,即可排除一般短路。但应注意重新启动后,可能会出现不放电进给,这与煤油在工件切割部分形成绝缘膜,改变了间隙状态有关,此时应立即增大间隙电压（SV）值,等放电正常后再改回正常切割参数。

② 工件应力变形夹丝

热处理变形大或薄件叠加切割时会出现夹丝现象,对热处理变形大的工件,在加工后期快切断前变形会反映出来,此时应提前在切缝中穿入电极丝或与切缝厚度一致的塞尺以防夹丝。薄板叠加切割,应先用螺钉连接紧固,或装夹时多压几点,压紧压平,以防止加工中夹丝。

8. 线切割加工工艺简介

与机械制造工艺比较,线切割加工有两个特点,一是刀具为线电极,刚度极差,二是加工原理是放电加工,切削力极小。结合这两个特点,对线切割加工工艺简介如下:

（1）线切割穿丝孔

① 穿丝孔的作用:对精度要求高的零件,从零件外部切入,会使工件的内应力失去平衡而产生变形,影响加工精度,因此,选择加工起点打穿丝孔穿丝加工。对于凹模和孔类零件,必须打穿丝孔才能保证型腔和孔腔的完整。

② 穿丝孔的加工:对于可以用钻头加工的工件材料,直接钻削;对于高硬度的工件材料,需采用电火花穿孔加工,穿丝孔的直径与工件厚度有关,一般直径为 $\phi 3 \sim \phi 10$。

（2）欠切

电极丝的直径一般在 $\phi 0.2$ 左右,在加工拐角时就会形成塌角,类似机械制造中的欠切,直接影响加工精度。为克服塌角,可以在工艺上采取各种拐角策略:例如采用程序超切、拐角处暂停等。低速走丝线切割机有进给伺服自动控制功能,检测到加工区电极丝走到拐角点后再转向,就保证了拐角精度。

（3）加工区电极丝的振动

柔性的电极丝高速移动,必然产生振动,对加工精度、加工粗糙度影响极大,特别是高速走丝线切割,走丝速度比低速走丝高 50 倍左右,再加上 20 秒左右一次的换向运行,加工区电极丝的振动成为致命的弱点,也是高速走丝线切割机多次切割工艺突破的瓶颈。

为解决这个难题,进行了各种试验,例如在加工区两端安装限位器、抑制电极丝振动,在走丝系统内设计恒张力机构、保证加工区电极丝张力的恒定等。

(4)线切割断丝原因分析

① 加工电流过大,脉冲间隔小。

② 钼丝抖动厉害。

③ 工件表面有毛刺或氧化皮。

④ 进给调节不当,开路短路频繁。

⑤ 工作液太脏。

⑥ 导电块未与钼线接触或被拉出凹痕。

⑦ 工件材料变形,夹断钼丝。

⑧ 工件跌落,撞断钼丝。

(5)多次切割工艺

线切割多次切割工艺与机械制造工艺一样,先粗加工,后精加工,先采用较大的电流和补偿量进行粗加工,然后逐步用小电流和小补偿量一步一步精修,从而达到高精度和低粗糙度。目前,低速走丝线切割加工普遍采用了多次切割加工工艺,高速走丝多次切割工艺正在实验之中。例如,加工凸模(或柱状零件)如图 3-21(a)所示,在第一次切割完成时,凸模就与工件毛坯本体分离,第二次切割将切割不到凸模。所以在切割凸模时,大多采用图 3-21(b)所示的方法。

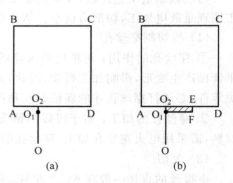

图 3-21   凸模多次切割

如图 3-21(b)所示,第一次切割的路径为 $O—O_1—O_2—A—B—C—D—E—F$,第二次切割的路径为 $F—E—D—C—B—A—O_2—O_1$,第三次切割的路径为 $O—O_1—O_2—A—B—C—D—E—F$。这样,当 $O_2—A—B—C—D—E$ 部分加工好,O_2E 段作为支撑尚未与工件毛坯分离。O_2E 段的长度一般为 AD 段的 1/3 左右,太短了则支撑力可能不够,在实际中采用的处理最后支撑段的工艺方法很多,下面介绍常见的几种:

① 首先沿 O_1F 切断支撑段,在凸模上留下一凸台,然后再在磨床上磨去该凸台。这种方法应用较多,但对于圆柱等曲边形零件则不适用。

② 在以前的切缝中塞入铜丝、铜片等导电材料,再对 O_2E 边多次切割。

③ 用一狭长铁条架在切缝上面,并将铁条用金属胶胶接在工件和坯料上,再对 O_2E 边多次切割。

实训 7　线切割加工参数实训

1. 实训目的

熟悉高速走丝线切割机脉冲电源电参数对加工的影响。

2. 实训设备

高速走丝电火花线切割机床。

3. 实训内容

① 机床已完成线切割加工的准备工作,装夹工件为 $200 \times 80 \times 5$(mm)钢板。

② 用表 3-2 所示的条件 C001 加工图 3-22 所示的第一个圆孔。

表 3-2　线切割精加工参数表(工件材料 Cr12,钼丝直径 0.2mm)

参数号	ON	OFF	IP	SV	GP	V	切割速度/(mm²/min)	粗糙度 $R_a/\mu m$
C001	02	03	2.0	01	00	00	11	2.5
C002	03	03	2.0	02	00	00	20	2.5
C003	03	05	3.0	02	00	00	21	2.5
C004	06	05	3.0	02	00	00	20	2.5
C005	08	07	3.0	02	00	00	32	2.5
C006	09	07	3.0	02	00	00	30	2.5
C007	10	07	3.0	02	00	00	35	2.5
C008	08	09	4.0	02	00	00	38	2.5
C009	11	11	4.0	02	00	00	30	2.5
C010	11	09	4.0	02	00	00	30	2.5
C011	12	09	4.0	02	00	00	30	2.5
C012	15	13	4.0	02	00	00	30	2.5
C013	17	13	4.0	03	00	00	30	3.0
C014	19	13	4.0	03	00	00	34	3.0
C015	15	15	5.0	03	00	00	34	3.0
C016	17	15	5.0	03	00	00	37	3.0
C017	19	15	5.0	03	00	00	40	3.0
C018	20	17	6.0	03	00	00	40	3.5
C019	23	17	6.0	03	00	00	44	3.5
C020	25	21	7.0	03	00	00	56	4.0

③ 将 C001 条件中的 ON 改为 03,再加工图 3-22 中的第二个圆孔。

④ 将 C001 条件中的 IP 改为 3.0,再加工图 3-22 中的第三个圆孔。

⑤ 将 C001 条件中的 OFF 改为 04,再加工图 3-22 中的第四个圆孔。

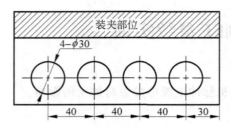

图 3-22　线切割加工工件图

⑥ 认真填写表 3-3。

表 3-3　不同加工条件对电火花加工影响情况对比表

项目　　　　实训内容	用 C001 加工零件	将 ON 改为 03	将 IP 改为 3.0	将 OFF 改为 04	对 比 结 论
加工时间					
加工速度					
表面粗糙度					

实训 8　线切割机床上丝操作实训

1. 实训目的

熟悉高速走丝线切割机的上丝操作。

2. 实训设备

高速走丝电火花线切割机床。

3. 实训内容

（1）启动丝筒运转开关,把丝筒移动至右端极限位置。

（2）把钼丝盘装到上丝盘上,把丝头绕过张紧机构上面的两个辅助导轮,压紧在丝筒的左端。

（3）打开上丝电机起停开关,并按电极丝直径调整上丝电机电压调节按钮,调整张力。

（4）用金属片接近右边的接近开关,启动丝筒向左移动,把电极丝上到丝筒上,当丝筒移动到左端极线位置前一段距离时,及时按丝筒停止开关,停住丝筒。

（5）剪断电极丝,把丝头压紧在丝筒右端,并取下钼丝盘。

（6）填写表 3-4。

表 3-4　上丝操作实训表

实训内容	注意事项	心得体会
高速走丝线切割机上丝操作	① 上丝时不要漏掉经过的导轮； ② 启动行程开关时，丝筒移动的方向要判断正确	

实训 9　线切割机床穿丝操作实训

1. 实训目的

熟悉高速走丝线切割机的穿丝操作。

2. 实训设备

高速走丝电火花线切割机床(以北京阿奇公司的 FW 系列为例)。

3. 实训内容

(1) 把张紧机构锁紧在右端位置。

(2) 取下丝筒右端的丝头,按图 3-23 经过上张紧导轮、上主导轮、工件穿丝孔(图中未画出)、下主导轮、导电块、下张紧导轮,把丝头压紧在丝筒右端。

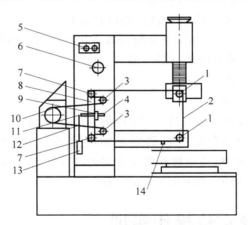

图 3-23　穿丝示意图

1—主导轮；2—电极丝；3—辅助导轮；4—直线导轮；5—工作液旋钮；6—上丝盘；7—张紧轮；

8—移动板；9—导轨滑块；10—贮丝筒；11—定滑轮；12—绳索；13—重锤；14—导电块

(3) 用金属片接近左边的接近开关,启动丝筒向右移动,即时调整左右行程挡杆,保证丝筒左右换向时,电极丝留有 3~5mm 的余量。

（4）松开张紧机构。

（5）填写表 3-5。

表 3-5　穿丝操作实训表

实 训 内 容	注 意 事 项	心 得 体 会
高速走丝线切割机穿丝操作	① 穿丝时不要漏掉经过的导轮； ② 启动行程开关时,丝筒移动的方向要判断正确	

实训 10　线切割电极丝垂直度调整操作实训

1. 实训目的

熟悉线切割电极丝垂直度调整操作。

2. 实训设备

高速走丝电火花线切割机床。

3. 实训内容

（1）在机床上已完成上丝、穿丝操作。

（2）清洁夹具安装面和找正块,把找正块放在夹具上。

（3）Z 轴行程的调整位置：使上下导轮与找正块的距离大约相等,并锁紧。

（4）把脉冲电源的脉冲宽度调到最小值。

（5）关闭工作液的调节阀。

（6）启动丝筒,电极丝运行。

（7）手动 X 轴使电极丝靠近工件,调整 U 轴,直至火花上下均匀。

（8）手动 Y 轴使电极丝靠近工件,调整 V 轴,直至火花上下均匀。

（9）重新手动 X,Y 轴,检查电极丝两个方向的垂直度,如火花上下均匀,则电极丝垂直度已校正好,如火花不均匀,则再调整 U,V 轴。

实训 11　电极丝定位操作实训

1. 实训目的

熟悉电极丝自动找中心操作。

2. 实训设备

高速走丝电火花线切割机床。

3. 实训内容

（1）在已完成准备工作的线切割机床上装夹有 ϕ20 孔的工件，除去孔内毛刺，清洁孔内壁。

（2）按穿丝操作要求把电极丝穿过 ϕ20 孔。

（3）把面板上的操作方式置于"CENTER"（找中心）方式位置，按某方向的"轴选择按钮"，则机床自动进行找中心动作，机床找到中心后记下圆孔中心的坐标。

（4）再次进行找中心操作，记录中心的坐标值，并与第一次找中心的坐标值相对比。如果两次中心的坐标相差较大，试分析原因，并再次找中心。

（5）在实际操作中认真填写表 3-6。

表 3-6　电极丝自动找中心操作实训表

实训内容	中心坐标	分析	注意事项
第一次找中心			
第二次找中心			除去孔内毛刺，清洁孔内壁
第三次找中心			
第四次找中心			

实训 12　线切割操作实例实训

1. 实训目的

进一步掌握线切割加工过程及对 3B，ISO 代码的理解。

2. 实训设备

高速走丝线切割机床（钼丝直径为 0.20mm，单边放电间隙为 0.01mm）。

3. 实训内容

（1）已有毛坯 220×350×5(mm) 的钢板，现欲用线切割机床加工出一个 ϕ80 的圆孔，具体尺寸要求如图 3-24 所示。操作过程如下：

① 工艺基准。如图 3-24 所示，AB、BC 为定位基准。

② 装夹。采用悬臂式支撑方式，校正平行度。

③ 穿丝、紧丝、电极丝垂直度的校正。

④ 定位。钼丝定位于 O 点的具体过程为：

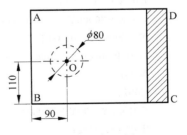

图 3-24　加工图

　　　　　　　　/移动电极丝到 AB 边侧边

G80 X＋；

G92 G54 X0；

　　　　　　　　/移动电极丝到 BC 边下方

G80 Y＋；

G92 Y0；

　　　　　　　　/解开钼丝，再执行下步操作

G01 X90.1 Y110.1；

⑤ 输入程序，或自动生成程序。加工圆形孔的 3B 代码为：

B 39890 B 0 B39890　GX L3

B 39890 B 0 B159560　GY NR3

B 39890 B 0 B39890　GX L1

⑥ 启动机器加工，根据加工要求调整参数。

⑦ 加工完毕，卸下工件进行检测。

（2）下面为一线切割加工程序（材料为 10mm 厚的钢材），认真理解后回答下列问题：

H000＝＋00000000　　　　　　H001＝＋00000110；

H005＝＋00000000；

T84 T86 G54 G90 G92X＋27000Y＋0；

C007；

G01X＋29000Y＋0；G04X0.0＋H005；

G41H000；

C001；

G41H000；

G01X＋30000Y＋0；G04X0.0＋H005；

G41H001；

X＋30000Y＋30000；G04X0.0＋H005；

X＋0Y＋30000；G04X0.0＋H005；

G03X＋0Y－30000I＋0J－30000；G04X0.0＋H005；

G01X＋30000Y－30000；G04X0.0＋H005；

X＋30000Y＋0；G04X0.0＋H005；

G40H000G01X＋29000Y＋0；

M00；

C007；

G01X＋27000Y＋0；G04X0.0＋H005；

T85 T87 M02；

（∷The Cutting length＝217.247778 mm）；

① 画出加工出的零件图(答案如图 3-25),并标明相应尺寸。

② 在零件图上画出穿丝孔的位置,并注明加工中的补偿量。

解:OFFSET=0.11mm

③ 上面程序中 M00 的含义是什么?

答:暂停,工件可能掉下,提示拿走工件。

④ 若该机床的加工速度为 50mm²/min,试估算加工该零件所用的时间。

解:217×10/50≈43min

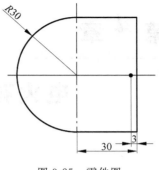

图 3-25　零件图

习题

3.1　简述常用的电参数、非电参数对线切割加工速度、表面粗糙度的影响。

3.2　在高速走丝穿丝操作中应注意什么?

3.3　线切割加工中电极丝如何定位?结合第 2 章有关知识,思考一下电极丝如何精确定位?

3.4　简述线切割机床加工零件的过程。

3.5　若要在 100×100×10(mm)的钢板上切割外方内孔(如图 3-26 所示)的零件,试问如何保证方板与孔的中心重合?如果要求在 50×50×10(mm)的钢板上切割出 $\phi40$ 的圆板(即凸模),试问在不借助夹具的情况下一次装夹可以加工出来吗?如果不能,则如何加工?说出详细的加工步骤。

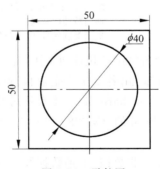

图 3-26　零件图

第4章

电火花成形机的分类及结构

4.1 电火花成形机的型号

在 20 世纪六七十年代,我国生产的电火花成形机分为电火花穿孔加工机床和电火花成形加工机床。20 世纪 80 年代后,我国开始大量采用晶体管脉冲电源,电火花成形机既可用作穿孔加工,又可作成形加工。自 1985 年起我国把电火花穿孔成形加工机床称为电火花穿孔、成形加工机床或统称为电火花成形机床。目前,电火花成形机型号是根据 JB/T 7445.2—1998《特种加工机床 型号编制方法》的规定编制的,例如:型号为 DK7132 的电火花成形机含义如下:

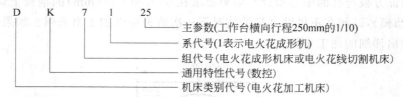

除依照中国国家标准规定命名的国产机床外,中外合资企业及外资企业生产的电火花成形机的型号没有采用统一标准,由各个生产企业自行确定,如日本沙迪克(Sodick)公司生产的 A3R,A10R,瑞士夏米尔(Charmilles)技术公司的 ROBOFORM20/30/35,我国台湾乔懋机电工业股份有限公司的 JM322,430,北京阿奇工业电子有限公司的 SF100 等。

电火花成形机按数控程度分为非数控、单轴数控及三轴数控。随着科学技术的进步,国外已经大批生产三坐标数控电火花机床,以及带工具电极库能按程序自动更换电极的电火花加工中心,我国的大部分电火花加工机床厂现也开始研制生产三坐标数控电火花成形机。

4.2　电火花成形加工机床的组成

不同品牌的电火花成形加工机床的外观可能不一样,但主要都由主机、工作液箱、数控电源柜等部分组成。

1. 主机

电火花成形机床(如图 4-1 所示)的主机一般包含床身、立柱、主轴头、工作台等部分。其中主轴头是关键部件,对加工有最直接的影响。在加工中,主轴头上装有电极夹,用来装夹及调整电极装置。图 4-2 是一种最常用的电极夹,1、2 为电极旋转角度调整螺钉;3、4、5、6 为电极前后左右水平调整螺钉;7 为夹紧螺钉,用于装夹电极。在装夹电极时,旋转 3、4、5、6 调整螺钉,用百分表校正电极,使电极与工作台面垂直;旋转 1、2 螺钉,用百分表校正电极,使电极与 X 或 Y 轴等平行。

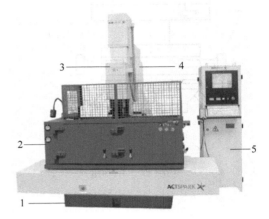

图 4-1　电火花成形加工机床外观图
1—床身;2—工作液箱;3—主轴头;
4—立柱;5—数控电源柜

2. 工作液箱

工作液箱在加工中用来存放工作液,目前我国的电火花加工所用的工作液主要是煤油。工作液在电火花加工中的主要作用是:使放电加工产生的熔融金属飞散;将飞散的加工中生成的粉末状电蚀产物从放电间隙中排除出去;冷却电极和工件表面;放电结束后使电极与工件之间恢复绝缘。

工作液箱的具体结构可以结合实训 13 来理解。

3. 数控电源柜

数控电源柜由彩色 CRT 显示器、键盘、手控盒以及数控电器装置等部件组成。数控电源柜是控制电火花成形机床动作的装置,其详细构成如图 4-3 所示,具体说明如下:

(1) 输入装置

在机床操作过程中,操作者可以通过键盘、磁盘等装置将操作指令或程序、图形等输入并控制机械动作。如果输入内容较多,则可以直接连接外部计算机通过连线输入。

(2) 输出装置

通过 CRT、磁盘等装置,将电火花加工方面的程序、图形等资料输送出来。

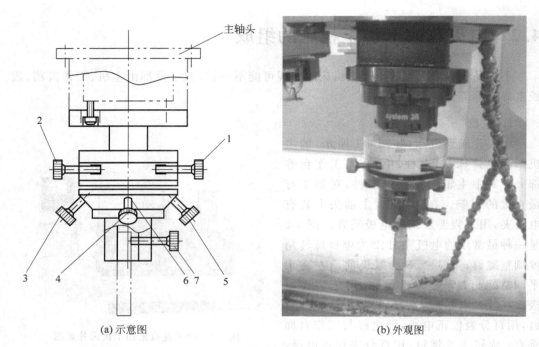

(a) 示意图   (b) 外观图

图 4-2　普通电极夹头连接

1,2—电极旋转角度调整螺钉；3,5—电极左右水平调整螺钉；

4,6—电极前后水平调整螺钉；7—电极夹紧螺钉

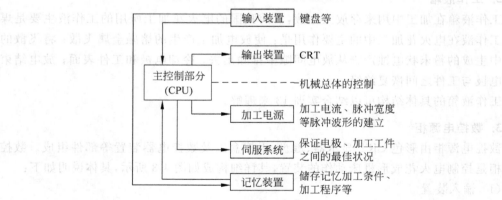

图 4-3　数控电源柜的构成

（3）加工电源

电火花加工的原理是在极短的时间内击穿工作介质,在工具电极和工件之间进行脉冲性火花放电,通过热能熔化、气化工具材料来去除工件上多余的金属。

电火花成形机床的加工电源性能好坏直接关系到电火花加工的加工速度、表面质量、加工精度、工具电极损耗等工艺指标,所以电源往往是电火花机床制造厂商的核心机密之一。

（4）伺服系统

在实际操作过程中,当电极与工件距离较远时,由于脉冲电压不能击穿电极与工件间的绝缘工作液,故不会产生火花放电;当电极与工件直接接触时,则所供给的电流只是流过却无法加工工件。正常加工时,电极与工件之间应保持一个微小的距离（$5\sim100\mu m$）。

在放电加工中,电极与工件在加工中会逐渐减少。为了保持电极与工件之间有一定的间隙,以便获得正常的放电加工,因此电极必须随着工件形状的减小而逐次下降进给。伺服系统的主要作用就是随时能够保持电极与工件之间的间隙,使放电加工处于最佳效率的状态。

（5）记忆系统

一般的电火花成形加工机床的记忆系统主要记忆的文字资料有如下内容:

① 加工条件

电火花加工的加工条件随电极材料、加工工件材料变化很大,在实际操作中,凭着传统的加工经验等方法较难获得最佳的放电加工效率。目前大部分电火花成形加工机床制造商往往广泛收集各种电极与工件材料之间的加工条件,并将这些加工条件存放在机器的存储器中。在加工中,操作者可以根据具体的加工情况,通过代码(如北京阿奇采用 C 代码)调用。

② 加工模式

电火花加工中,加工速度与加工质量往往相互矛盾。若采用粗加工条件加工,则加工速度较快而加工质量较差;若采用精加工条件加工,则加工质量较好而加工速度较慢。为了达到较快的加工速度并且保证加工质量,首先用粗加工条件粗加工到一定程度再进行精加工。这种加工模式在实际操作中广泛应用。

在实际操作中,操作者需预先设定粗加工的加工程度和精加工要达到的表面粗糙度要求。

③ 程序

电火花加工用的各种程序可以预先编制好并存放在机器的存储器中。现在的电火花成形加工机床的存储器容量都较大,可以存放很多不同的加工程序,极大地方便了加工。

4.3　电火花机床常见功能

对大多数电火花成形加工机床而言,通常具有如下功能。

1. 接触感知功能

接触感知是一个找正功能,用于完成零件的找正工作。

2. 回原点操作功能

数控电火花在加工前首先要回到机械坐标的零点,即 X、Y、Z 轴回到其轴的正极限处。这样,机床的控制系统才能复位,后续操作机床运动不会出现紊乱。

3. 置零功能

即将当前点的坐标设置为零。

4. 液面保护

机床配备液面传感器,确保加工中液面低于加工面后切断加工电源,避免最常见的因液面降低而造成火灾。

5. 选择坐标系功能

现在的数控电火花机床一般具有 6 个以上工件坐标系。在实际加工中,可以根据具体要求灵活选择坐标系。

6. 找中心功能

找中心功能通常用于电极的定位。在加工前,根据实际情况设定适当的参数,机床能够自动定位于工件的中心。找中心分为找外中心和找内中心,找外中心是指自动确定工件在 X 或 Y 方向的中心,找内中心指自动确定型腔在 X 或 Y 方向的中心。

7. 电极摇动功能

早期的普通电火花成形机为了修光侧壁和提高其尺寸精度而添加平动头,使工具电极轨迹向外可以逐步扩张,即可以平动。现在生产的数控电火花成形机床都具有电极摇动功能,摇动加工的作用是:

(1)可以精确控制加工尺寸精度;

(2)可以加工出复杂的形状,如螺纹;

(3)可以提高工件侧面和底面的表面粗糙度;

(4)可以加工出清棱、清角的侧壁和底边;

(5)变全面加工为局部加工,有利于排屑和加工稳定;

(6)对电极尺寸精度要求不高。

摇动的轨迹除了可以像平动头的小圆形轨迹外,数控摇动的轨迹还有方形、棱形、叉形和十字形,且摇动的半径可在 9.9mm 以内任一数值。

摇动加工的编程代码各公司均自己规定。以汉川机床厂和日本沙迪克公司为例,摇动加工的指令代码如下:

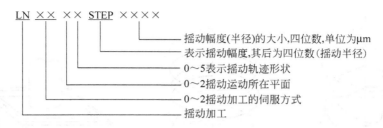

电火花数据摇动类型见表 4-1。

表 4-1 电火花数控摇动类型一览表

类型	摇动轨迹所在平面	无摇动	○	□	◇	✕	✛
自由摇动	XY 平面	000	001	002	003	004	005
	XZ 平面	010	011	012	013	014	015
	YZ 平面	020	021	022	023	024	025
步进摇动	XY 平面	100	101	102	103	104	105
	XZ 平面	110	111	112	1113	114	115
	YZ 平面	120	121	122	123	124	125
锁定摇动	XY 平面	200	201	202	203	204	205
	XZ 平面	210	211	212	213	214	215
	YZ 平面	220	221	222	223	224	225

数控摇动的伺服方式共有 3 种自由摇动、步进摇动和锁定摇动(如图 4-4 所示)。

(1) 自由摇动

选定某一轴向(例如 Z 轴)作为伺服进给轴,其他两轴进行摇动运动(如图 4-4(a)所示)。例如,G01 LN001 STEP30 Z—10。

G01 表示沿 Z 轴方向进行伺服进给。LN001 中的 00 表示在 XY 平面内自由摇动,1 表示工具电极各点绕各原始点作圆形轨迹摇动,STEP30 表示摇动半径为 $30\mu m$,Z—10 表示伺服进给至 Z 轴向下 10mm 为止,其实际放电点的轨迹如示意图 4-4(a)所示,沿各轴方向可能出现不规则的进进退退。

(2) 步进摇动

在某选定的轴向作步进伺服进给,每进一步的步距为 $2\mu m$,其他两轴作摇动运动(如图 4-4(b)所示)。

例如,G01 LN101 STEP20 Z—10。

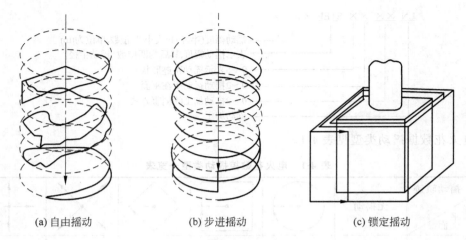

(a) 自由摇动　　　　　　　(b) 步进摇动　　　　　　　(c) 锁定摇动

图 4-4　数控摇动的三种方式

　　G01 表示沿 Z 轴方向进行伺服进给。LN101 中的 10 表示在 XY 平面内步进摇动，1 表示工具电极各点绕各原始点作圆形轨迹摇动，STEP20 表示摇动半径为 $20\mu m$，Z－10 表示伺服进给至 Z 轴向下 10mm 为止，其实际放电点的轨迹见示意图 4-4(b)。步进摇动限制了主轴的进给动作，使摇动动作的循环成为优先动作。步进摇动用在深孔排屑比较困难的加工中，它较自由摇动的加工速度稍慢，但更稳定，没有频繁的进给、回退现象。

　　(3) 锁定摇动

　　在选定的轴向停止进给运动并锁定轴向位置，其他两轴进行摇动运动。在摇动中，摇动半径幅度逐步扩大，主要用于精密修扩内孔或内腔(如图 4-4(c)所示)。

　　例如，G01 LN202 STEP20 Z－5。

　　LN202 中的 20 表示在 XY 平面内锁定摇动，2 表示工具电极各点绕各原始点作方形轨迹摇动，Z－5 表示 Z 轴加工至－5mm 处停止进给并锁定，X，Y 轴进行摇动运动，其实际放电点的轨迹见示意图 4-4(c)。锁定摇动能迅速除去粗加工留下的侧面波纹，是达到尺寸精度最快的加工方法。它主要用于通孔、盲孔或有底面的型腔模加工中。如果锁定后作圆轨迹摇动，则还能在孔内滚花、加工出内花纹等。

实训 13　电火花机床初步认识实训

1. 实训目的

熟悉电火花成形加工机床的手控盒、工作液箱的操作。

2. 实训设备

电火花成形加工机床(本书以北京阿奇数控电火花成形加工机床为例)。

3. 实训内容

(1) 手控盒的操作

手控盒的具体用法如表 4-2 所示。

表 4-2　手控盒使用方法

手 控 盒	键	作用及使用方法
	⇉ → →（三档点移动速度键）	点移动速度键：分别代表高、中、低速；与 X、Y、Z 坐标键配合使用，开机为中速。在实际操作中如果选择了点动高速挡，使用完毕后，最好习惯性地选择点动中速挡。当选择了低速挡时每按一次所选轴向键，机床移动 0.001mm。高速和中速又分为 0～9 共 20 挡，在系统参数画面的配置屏中可任意设置，0 挡速度最快，9 挡速度最慢，对应速度为 800～10mm/min。对于较重电极，点动高速应设为 2，同时，加工时抬刀速度要设得低一些
	+X −X +Y −Y +Z −Z	点动移动键：指定轴及运动方向。定义如下：面对机床正面，工作台向左移动（相当于电极向右移动）为＋X，反之为−X；工作台移近工作者为＋Y，远离为−Y；向上为＋Z，向下为−Z。点动移动键要与点移动速度键结合使用。如要高速向＋X 方向移动则先选择高速点移动速度键⇉，再按住点移动键+X。＋U、−U、＋V、−V、R 在本系列中不起作用，C 轴需要单独购买，一般指的是电极数控旋转轴
	✎（PUMP）	PUMP 键：加工液泵开关。按下开泵，再按停止，开机时为关。开泵功能与 T84 代码相同，关闭液泵功能与 T85 代码相同
	⬇（ST）	ST 键（忽略解除感知键）：当电极与工件解除后，按住此键，再按手控盒上的轴向键，能忽略接触感知继续进行轴的移动，此键仅对当前的一次操作有效。此键功能与 M05 代码相同
	‖（HALT）	HALT（暂停）键：在加工状态，按下此键将使机床动作暂停。此键功能与 M00 代码相同
	𝒊（ACK）	ACK（确认）键：在出错或某些情况下，其他操作被中止，按此键确认。系统一般会在屏幕上提示
	❘（ENT）	ENT（确认）键：开始执行 NC 程序或手动程序，也可以按键盘上的 Enter 键
	R（RST）	RST（恢复加工）键：加工中按暂停键，加工暂停，按此键恢复暂停的加工
	⊘（OFF）	OFF 键：(1) 中断正在执行的操作。在加工中按 OFF 键后一旦确认中止加工，则按 RST（恢复加工）键不可以从中止的地方再继续加工，所以要慎重操作 (2) 关闭电阻箱内的风扇。在加工时系统会自动打开电阻箱内的风扇，加工结束后可用此键来关闭风扇，但不要立即关闭，这样会损坏功率电阻，应在加工结束 5 分钟后关闭风扇

（2）工作液箱的操作

工作液箱安装在工作台上，其结构如图 4-5 所示，工作液循环原理如图 4-6 所示。加工时，启动油泵，旋转手柄 1 至通油位置，工作液箱进油。上下移动手柄 2，可以调节工作液槽放油量的大小；上下移动手柄 3，可以调节工作液箱内油面的高度。旋转开关 4，则油嘴 6 为吸油状态；旋转开关 5，则油嘴为冲油状态。吸油、冲油压力的大小可以通过旋转手柄 1 获得。

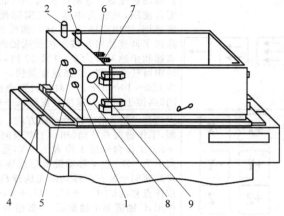

图 4-5　工作液箱

1—进油开关及冲吸油压力调节阀；2—放油手柄；3—调节液面高度手柄；4—吸油开关；
5—冲油开关；6—吸油嘴；7—冲油嘴；8—真空表；9—压力表

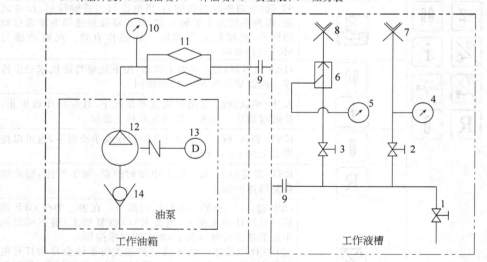

图 4-6　工作液循环原理

1—进油阀及冲吸油压力调节阀；2—冲油阀；3—吸油阀；4—压力表；5—真空表；6—吸引器；7—冲油管接头；
8—吸油管接头；9—进油管接头；10—压力表；11—过滤器；12—泵；13—电机；14—单向阀

在电火花加工中,首先要将工作液加入到工作液槽中,具体过程如下:

① 扣上门扣,关闭液槽;

② 闭合放油手柄 2(旋转后下压);

③ 按手控盒上 ✎ 键或在程序中用 T84 代码来打开液泵;

④ 用调节液面高度手柄 3 调节液面的高度,工作液必须比加工最高点高出 50mm 以上。

读者在理解手控盒各个按钮的功能和工作液箱的结构原理后,在实训指导老师示范后独立操作,并填写表 4-3、表 4-4。

表 4-3　手控盒实训项目表

手 控 盒	实 训 内 容	注 意 事 项	心 得 体 会
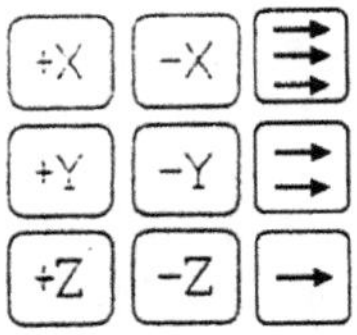 +X　−X　→ +Y　−Y　→ +Z　−Z　→	运用左边的点动键和点动移动键分别高速、中速、低速将机床向 +X、−X,+Y,−Y,+Z,−Z 轴方向移动	防止电极与工作台或工件碰撞	
 ✎	学习 PUMP 键的用法	防止液体溅到身体上	
 ⏸	由指导老师运行一个加工程序,操作者再练习 HALT 和 RST 键的用法		
 ⎍	电极与工件接触后,试着移动工作台,观察结果;再按下 ST 键,移动工作台,观察结果	防止电极与工件碰撞	
 🔆	指导教师演示		
 ⊟	指导教师演示		
 ⊘	指导教师演示		

表 4-4　工作液箱操作实训项目表

实 训 内 容	注意事项	心得体会
调节液面控制设备,将工作液放入工作液箱	防止漏油	
调节工作液进油压力	防止漏油	
将工作液从油箱排出	防止漏油	
调节工作液箱放油量大小	防止漏油	
观察冲油、吸油及其压力大小	防止漏油	

习题

4.1　电火花成形加工机床由哪些部分组成?各个部分的用途是什么?

4.2　如何移动电火花成形加工机床的 X,Y,Z 轴?

4.3　观察工作液箱的结构,说出各个部件的作用。

4.4　电火花加工时电极至少浸入在工作液中多少毫米,为什么?能否自己操作机床将电极浸没在工作液中?

第 5 章

电火花加工机床操作

5.1　电火花加工机床加工过程简介

在电火花成形加工过程中,必须综合考虑机床的性能、加工方法、加工质量等各个方面的因素对加工的影响。从总体上讲,电火花加工机床加工零件的过程一般按如下步骤进行。

1. 准备工作

（1）明确加工要求

认真读懂加工图纸,明确工件的结构特点、材料及加工要求。

（2）选择加工方法

根据加工对象、精度及表面粗糙度等要求和机床的性能(是否为数控机床、加工精度、最佳表面粗糙度等)确定加工方法。电火花成形加工的加工方法通常有三种,具体如下:

① 单工具电极直接成型法(如图 5-1 所示)

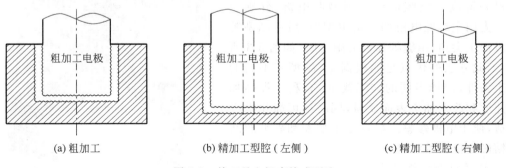

(a) 粗加工　　　　　　(b) 精加工型腔(左侧)　　　　　　(c) 精加工型腔(右侧)

图 5-1　单工具电极直接成型法

单工具电极直接成型法是采用同一个工具电极完成模具型腔的粗加工、中加工及精加工。单电极平动法加工时,工具电极只需一次装夹定位,避免了因反复装夹带来的定位误差。但对于棱角要求高的型腔,加工精度就难以保证。

② 多电极更换法

多电极更换法是根据一个型腔在粗、中及精加工中放电间隙各不相同的特点,采用几个不同尺寸的工具电极完成一个型腔的粗、中及精加工(如图 5-2 所示)。在加工时首先用粗加工电极蚀除大量金属,然后更换电极进行中、精加工;对于加工精度高的型腔,往往需要较多的电极来精修型腔。

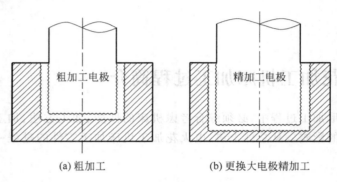

(a) 粗加工   (b) 更换大电极精加工

图 5-2　多电极更换法

多电极更换加工法的优点是仿型精度高,尤其适用于尖角、窄缝多的型腔模加工。它的缺点是需要制造多个电极,并且对电极的重复制造精度要求很高。另外,在加工过程中,电极的依次更换需要有一定的重复定位精度。

③ 分解电极加工法

分解电极加工法是根据型腔的几何形状,把电极分解成主型腔电极和副型腔电极,分别制造。先用主型腔电极加工出主型腔,后用副型腔电极加工尖角、窄缝等部位的副型腔(如图 5-3 所示)。此方法的优点是能根据主、副型腔不同的加工条件,选择不同的加工规准,有利于提高加工速度和改善加工表面质量,同时还可简化电极制造,便于电极修整。缺点是主型腔和副型腔间的精确定位较难解决。

④ 手动侧壁修光法

这种方法主要应用于没有平动头的非数控

图 5-3　分解电极加工法

电火花加工机床。具体方法是利用移动工作台的 X 和 Y 坐标，配合转换加工规准，轮流修光各方向的侧壁（如图 5-4 所示）。

这种加工方法的优点是可以采用单电极完成一个型腔的全部加工过程；缺点是操作繁琐，尤其在单面修光侧壁时，加工很难稳定，不易采取冲油措施，延长了中、精加工的周期，而且无法修整圆形轮廓的型腔。

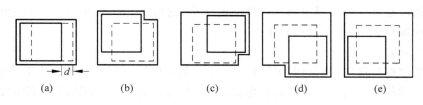

图 5-4 侧壁轮流修光法示意图

（3）选择电极材料

常用的电极材料为石墨和紫铜。一般精加工电极或小电极的材料为紫铜，粗加工电极材料为石墨。

（4）设计电极

电极设计是电火花加工中的关键点之一。在设计中，首先详细分析产品图纸，确定电火花加工位置；其次根据现有设备、材料、拟采用的加工工艺等具体情况确定电极的结构形式；最后根据不同的电极损耗、放电间隙等工艺要求对照型腔尺寸进行缩放。

（5）制造电极

根据电极材料、制造精度、尺寸大小、加工批量、加工设备等选择合适的加工方法，通常采用数控铣削、车削、线切割等加工方法来制造电极。

（6）加工工件准备

选择好要加工的工件后，根据实际情况需要对工件进行适当的处理：如对工件进行去磁、去锈、热处理等。

（7）装夹与定位

装夹工件，装夹校正电极，然后将电极定位于要加工的地方。

2．开机加工

选择加工极性，调整机床，保持适当液面高度，调整加工参数，保持适当电流，调节进给速度、冲油压力等。在加工中特别是加工开始要随时检查工件稳定情况，正确操作。

3．加工结束

加工结束后，及时检查加工精度、表面粗糙度等是否符合加工要求，记录加工时间、加工参数等作为今后加工的参考资料。

5.2　电火花加工工艺基础

5.2.1　电火花加工常用术语

（1）放电间隙

放电间隙是放电时工具电极和工件间的距离，它的大小一般在 0.01～0.5mm 之间，粗加工时间隙较大，精加工时则较小。

（2）脉冲宽度 $t_i(\mu s)$

脉冲宽度简称脉宽（也常用 ON，T_{ON} 等符号表示），是加到电极和工件上放电间隙两端的电压脉冲的持续时间。为了防止电弧烧伤，电火花加工只能用断断续续的脉冲电压波。一般来说，粗加工时可用较大的脉宽，精加工时只能用较小的脉宽。

（3）脉冲间隔 $t_o(\mu s)$

脉冲间隔简称脉间或间隔（也常用 OFF，T_{OFF} 表示），它是两个电压脉冲之间的间隔时间。间隔时间过短，放电间隙来不及消电离和恢复绝缘，容易产生电弧放电，烧伤电极和工件；脉间选得过长，将降低加工生产率。加工面积、加工深度较大时，脉间也应稍大。

（4）击穿延时 $t_d(\mu s)$

从间隙两端加上脉冲电压后，一般均要经过一小段延续时间 t_d，工作液介质才能被击穿放电，这一小段时间 t_d 称击穿延时。击穿延时 t_d 与平均放电间隙的大小有关，工具欠进给时，平均放电间隙变大，平均击穿延时 t_d 就大；反之，工具过进给时，放电间隙变小，t_d 也就小。

（5）放电时间（电流脉宽）$t_e(\mu s)$

放电时间是工作液介质击穿后放电间隙中流过放电电流的时间，即电流脉宽，它比电压脉宽稍小，二者相差一个击穿延时 t_d。t_i 和 t_e 对电火花加工的生产率、表面粗糙度和电极损耗有很大影响，但实际起作用的是电流脉宽 t_e。

（6）占空比 ψ

占空比是脉冲宽度 t_i 与脉冲间隔 t_o 之比，即 $\psi = t_i / t_o$。粗加工时占空比一般较大，精加工时占空比应较小，否则放电间隙来不及消电离恢复绝缘，容易引起电弧放电。

（7）开路电压或峰值电压 $\hat{u}_i(V)$

开路电压是间隙开路和间隙击穿之前 t_d 时间内电极间的最高电压（如图 5-5 所示）。一般晶体管方波脉冲电源的峰值电压 $\hat{u}_i = 60\sim80V$，高低压复合脉冲电源的高压峰值电压为 175～300V。峰值电压高时，放电间隙大，生产率高，但成形复制精度较差。

（8）加工电压或间隙平均电压 $U(V)$

加工电压或间隙平均电压是指加工时电压表上指示的放电间隙两端的平均电压，它是多个开路电压、火花放电维持电压、短路和脉冲间隔等电压的平均值。

（9）加工电流 I（A）

加工电流是加工时电流表上指示的流过放电间隙的平均电流。加工电流在精加工时小，粗加工时大，间隙偏开路时小，间隙合理或偏短路时则大。

（10）短路电流 I_s（A）

短路电流是放电间隙短路时电流表上指示的平均电流。它比正常加工时的平均电流要大 $20\%\sim40\%$。

（11）峰值电流 $\hat{i}_e$（A）

峰值电流是间隙火花放电时脉冲电流最大值（瞬时），日本、英国、美国常用 I_p 表示。虽然峰值电流不易测量，但它是影响加工速度、表面质量等的重要参数。在设计制造脉冲电源时，每一功率放大管的峰值电流是预先计算好的，选择峰值电流实际是选择几个功率管进行加工。

（12）放电状态

放电状态指电火花放电间隙内每一个脉冲放电时的基本状态。一般分为五种放电状态和脉冲类型（如图 5-5 所示）。

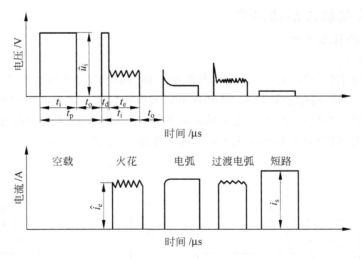

图 5-5　脉冲参数与脉冲电压、电流波形

① 开路（空载脉冲）

放电间隙没有击穿，间隙上有大于 50V 的电压，但间隙内没有电流流过，为空载状态。

② 火花放电（工作脉冲，或称有效脉冲）

间隙内绝缘性能良好，工作液介质被击穿后能有效地抛出、蚀除金属。其波形特点是：电压上有 t_d，t_e 和 $\hat{i}_e$ 波形上有高频振荡的小锯齿。

③ 短路(短路脉冲)

放电间隙直接短路,这是由于伺服进给系统瞬时进给过多或放电间隙中有电蚀产物搭接所致。间隙短路时电流较大,但间隙两端的电压很小,没有蚀除加工作用。

④ 电弧放电(稳定电弧放电)

由于排屑不良,放电点集中在某一局部而不分散,局部热量积累,温度升高,恶性循环,此时火花放电就成为电弧放电。由于放电点固定在某一点或某一局部,因此称为稳定电弧,常使电极表面积炭、烧伤。电弧放电的波形特点是 t_d 和高频振荡的小锯齿基本消失。

⑤ 过渡电弧放电(不稳定电弧放电,或称不稳定火花放电)

过渡电弧放电是正常火花放电与稳定电弧放电的过渡状态,是稳定电弧放电的前兆。波形特点是击穿延时很小或接近于零,仅成为一尖刺,电压电流表上的高频分量变低或成为稀疏的锯齿形。

以上各种放电状态在实际加工中是交替、概率性地出现的(与加工规准和进给量、冲油、污染等有关),甚至在一次单脉冲放电过程中,也可能交替出现两种以上的放电状态。

5.2.2 电火花加工规律简介

1. 电加工的基本规律

(1)极性效应

在电火花加工时,相同材料(如用钢电极加工钢)两电极的被腐蚀量是不同的。其中一个电极比另一个电极的蚀除量大,这种现象叫做极性效应。如果两电极材料不同,则极性效应更加明显。在生产中,将工件接脉冲电源正极(工具电极接脉冲电源负极)的加工称为正极性加工(如图 5-6 所示),反之称为负极性加工(如图 5-7 所示)。

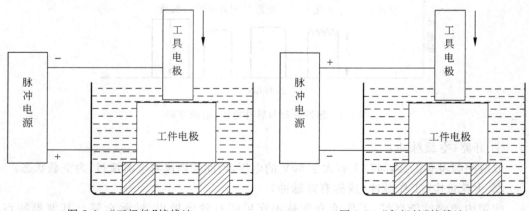

图 5-6 "正极性"接线法   图 5-7 "负极性"接线法

产生极性效应的原因很复杂,一般认为脉冲宽度 t_i 是影响极性效应的一个主要原因,在实际加工时,极性效应还受到电极及工件材料、加工介质、电源种类等因素的综合影响。在电火花加工中,要充分利用极性效应,正确选择极性,使工件的蚀除量大于电极的蚀除量,最大限度地降低电极损耗。极性的选择主要靠经验或实验确定:当采用窄脉冲(如用纯铜加工钢时, $t_i < 10\mu s$)精加工时,宜选用正极性加工;当采用长脉冲(如用纯铜加工钢时, $t_i > 100\mu s$)粗加工时,宜采用负极性加工。

（2）覆盖效应

在材料放电腐蚀过程中,一个电极的电蚀产物转移到另一个电极表面上,形成一定厚度的覆盖层,这种现象叫做覆盖效应。合理利用覆盖效应,有利于降低电极损耗。

在油类介质中加工时,覆盖层主要是石墨化的碳素层,其次是粘附在电极表面的金属微粒粘结层。碳素层的生成条件主要有以下几点:

① 要有足够高的温度。

② 要有足够多的电蚀产物,尤其是介质的热解产物——碳粒子。

③ 要有足够的时间,以便在这一表面上形成一定厚度的碳素层。

④ 一般采用负极性加工,因为碳素层易在阳极表面生成。

⑤ 必须在油类介质中加工。

2. 电火花加工工艺规律

电火花成形加工的主要工艺指标有加工速度、表面粗糙度、电极损耗、加工精度和表面变化层的机械性能等。影响工艺指标的因素很多,诸因素的变化都将引起工艺指标相应的变化。

（1）影响加工速度的主要因素

电火花成形加工的加工速度,是指在一定电规准下,单位时间 t 内工件被蚀除的体积 V 或质量 M。一般常用体积加工速度 $v_v = V/t (mm^3/min)$ 来表示,有时为了测量方便,也用质量加工速度 $v_m (g/min)$ 表示。

在规定的表面粗糙度、规定的相对电极损耗下的最大加工速度是电火花机床的重要工艺性能指标。一般电火花机床说明书上所指的最高加工速度是该机床在最佳状态下所达到的,在实际生产中的正常加工速度大大低于机床的最大加工速度。

影响加工速度的因素分电参数和非电参数两大类。电参数主要是峰值电流、脉冲宽度、脉冲间隔;非电参数包括加工面积、深度、工作液种类、冲油方式、排屑条件及电极对的材料、形状等。

在一般情况下,加工速度的大小与峰值电流及脉冲宽度的大小成正比,与脉冲间隔的大小成反比,图 5-8 为电参数与加工速度的关系曲线。

非电参数对加工速度的影响如下:

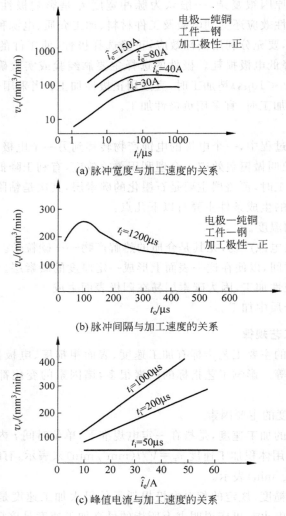

(a) 脉冲宽度与加工速度的关系

(b) 脉冲间隔与加工速度的关系

(c) 峰值电流与加工速度的关系

图 5-8　电加工参数与加工速度关系曲线

① 加工面积

加工面积较大时,它对加工速度没有多大影响。但若加工面积小到某一临界面积时,加工速度会显著降低,这种现象叫做"面积效应"。同时,峰值电流不同,最小临界加工面积也不同。

② 抬刀

作用是排屑和保证加工的稳定。合理的抬刀选择有利于加工效率的提高,过快的抬刀会降低加工效率。

③ 冲抽油

一般情况下会提高加工效率,大面积、深型腔、深孔加工时为提高加工效率要采用冲抽油加工。

④ 工作液

在电火花加工中,工作液的种类、粘度、清洁度对加工速度有影响。过去国内电火花加工机床的工作液普遍采用煤油,目前越来越多的机床采用性能较好的电加工专用液。

⑤ 电极材料

在电参数选定的条件下,采用不同的电极材料与加工极性,加工速度也大不相同。粗加工时常常用石墨作电极材料,精加工时常用紫铜作电极材料。

⑥ 工件材料

工件材料的熔点、沸点、比热、熔化潜热、汽化潜热大则加工速度慢。硬质合金的加工速度小于钢的一半,同类材料的加工速度也很慢。

⑦ 加工的稳定性

加工过程中的拉弧、回退等不稳定现象会大大地降低加工速度。因此机床的刚性、灵敏性、电极的优劣、参数的选择都会影响加工速度。

（2）影响表面粗糙度的主要因素

表面粗糙度是指加工表面上的微观几何形状误差。目前国际通用的表面粗糙度为 R_a、R_z、R_{max},但一般将 R_a 作为衡量电加工机床加工表面质量的工艺指标。

电火花加工表面粗糙度的形成与切削加工不同,它是由若干电蚀小凹坑组成,能存润滑油,其耐磨性比同样粗糙度的机加工表面要好。在相同表面粗糙度的情况下,电加工表面比机加工表面亮度低。

影响表面粗糙度的因素有电参数和非电参数。

电参数包括:

① 峰值电流:当峰值电流一定时,脉冲宽度越大,单个脉冲的能量就大,放电腐蚀的凹坑也越大越深,所以表面粗糙度就越差。

② 脉冲宽度:在脉冲宽度一定的条件下,随着峰值电流的增加,单个脉冲能量也增加,表面粗糙度就变差。

③ 脉冲间隔:在一定的脉冲能量下,不同的工件电极材料表面粗糙度值大小不同,熔点高的材料表面粗糙度值要比熔点低的材料小。

非电参数包括:

① 电极材料及表面质量:电火花加工是反拷贝加工,故工具电极表面的粗糙度值大小影响工件的加工表面粗糙度值。例如与紫铜相比,石墨电极很难加工出非常光滑的表面,因此它加工出的工件表面粗糙度值较差。

② 工作液:干净的工作液有利于得到理想的表面粗糙度。因为工作液中含蚀除产

物等杂质越多,越容易发生积炭等不利状况,从而影响表面粗糙度。

③ 加工面积:加工电极面积愈大则最终加工表面愈差。

(3) 影响电极损耗的主要因素

电极损耗是电火花成形加工中的重要工艺指标。在生产中,衡量某种工具电极是否耐损耗,不只是看工具电极损耗速度 v_E 的绝对值大小,还要看同时达到的加工速度 v_v,即每蚀除单位质量金属工件时,工具相对损耗多少。因此,常用相对损耗或损耗比 θ 作为衡量工具电极耐损耗的指标,即

$$\theta = \frac{v_E}{v_v} \cdot 100\% \tag{5-1}$$

式(5-1)中的加工速度和损耗速度若以 mm^3/min 为单位计算,则为体积相对损耗 θ; 若以 g/min 为单位计算,则为质量相对损耗 θ_E;若以工具电极损耗长度与工件加工深度之比来表示,则为长度相对损耗 θ_L。

电火花加工中,若电极的相对损耗小于 1%,则称为低损耗电火花加工。低损耗电火花加工能最大限度地保持加工精度,所需电极的数目也可减至最小,因而简化了电极的制造,加工工件的表面粗糙度 R_a 可达 $3.2\mu m$ 以下。

在加工中,影响电极损耗的因素主要有:

① 极性:在其他加工条件相同的情况下,加工极性不同对电极损耗影响很大(如图 5-9 所示)。一般情况下,在短脉冲宽度精加工时采用正极性加工,而在长脉冲宽度粗加工时采用负极性加工。

② 脉冲宽度:在峰值电流一定的情况下,随着脉冲宽度的减小,电极损耗增大。脉冲宽度越窄,电极损耗 θ 上升的趋势越明显(如图 5-10 所示),所以精加工时的电极损耗比粗加工时的电极损耗大。

③ 脉冲间隔:在脉冲宽度不变时,随着脉冲间隔的增加,电极损耗增大(如图 5-11 所示)。

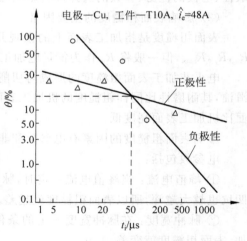

图 5-9　极性对电极相对损耗的影响

④ 峰值电流:对于一定的脉冲宽度,加工时的峰值电流不同,电极损耗也不同。

用紫铜电极加工钢时,随着峰值电流的增加,电极损耗也增加。图 5-12 是峰值电流对电极相对损耗的影响。

由上可见,脉冲宽度和峰值电流对电极损耗的影响效果是综合性的。只有脉冲宽度和峰值电流保持一定关系,才能实现低损耗加工。

⑤ 冲抽油:冲抽油越大损耗越大,这是由于冲抽油会破坏"覆盖效应",但对石墨打

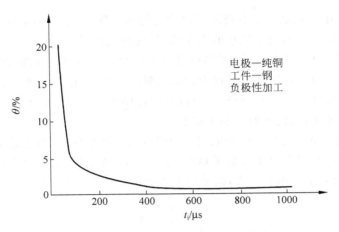

图 5-10　脉宽与电极相对损耗的关系

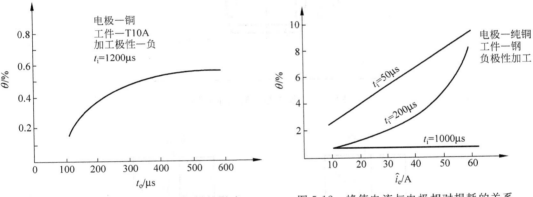

图 5-11　脉冲间隔对电极相对损耗的影响　　图 5-12　峰值电流与电极相对损耗的关系

钢影响不大。一般只要能保证加工稳定,冲抽油压力小些好。

⑥ 电极材料:其对损耗的影响由小到大的排列顺序如下:银钨合金＜铜钨合金＜石墨(粗规准)＜紫铜＜钢＜铸铁＜黄铜＜铝。

⑦ 工件材料:高熔点合金损耗＞低熔点合金损耗。

⑧ 放电间隙:精加工时适当增大放电间隙可降低电极损耗。

⑨ 工作液:煤油作工作液形成的覆盖效应会降低电极损耗。

⑩ 电极形状:角部＞棱边＞面,因此有清角要求的零件需采用换电极加工。

(4) 影响加工精度的因素

影响电火花加工精度的因素很多,但从电火花加工工艺的角度出发,影响电火花加工精度的主要因素是电火花加工的电参数、放电间隙、二次放电等。

① 电参数：电火花加工中电极的形状被复制到工件上，电极的损耗对复制的精度有重要的影响。所以采用电极损耗小的电参数可以提高加工的精度。

② 放电间隙：电火花加工中，工具电极与工件间存在着放电间隙，因此工件的尺寸、形状与工具并不一致。如果加工过程中放电间隙是常数，根据工件加工表面的尺寸、形状可以预先对工具尺寸、形状进行修正。但放电间隙随电参数、电极材料、工作液的绝缘性能等因素变化而变化，从而影响了加工精度。

③ 二次放电：电火花加工中的电蚀产物引起的二次放电、工件角落处因集中放电而变圆弧等因素严重影响电火花的加工精度（如图 5-13 所示）。为了改善因二次放电产生的斜度，加工液最好不采用喷入式，而采用吸入式（如图 5-14 所示）。

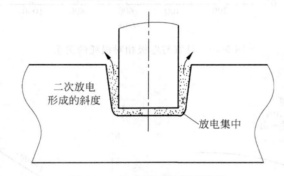

图 5-13　加工精度降低示意图

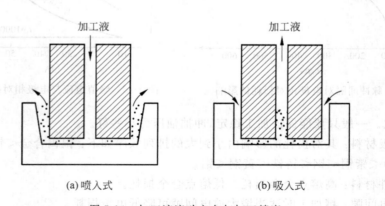

(a) 喷入式　　　　　　　(b) 吸入式

图 5-14　加工液流动方向与加工精度

（5）表面变化层的机械性能

① 表面变化层

在电火花加工过程中，工作物熔融除去部位的内部和边缘，常有一部分残留熔融体再凝固的现象发生，因此在加工面表层有一部分残留的已熔融再凝固的电极材料，以及加工液燃烧所生成的碳化物（如图 5-15 所示）。

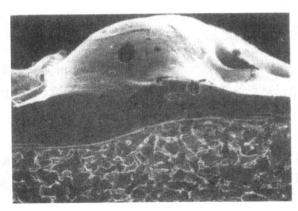

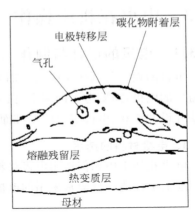

(a) 电火花加工表面 (×350)　　　　　　　(b) 电火花加工表面示意图

图 5-15　电火花加工表面变化层

由于放电去除作用的反复进行而产生急热、急冷等现象，所以在熔融残留层的下面有热变质层。热变质层的厚度大约在 0.01～0.5mm 之间，一般将其分为熔化层和热影响层。

熔化层：熔化层位于电火花加工后工件表面的最上层，它被电火花脉冲放电产生的瞬时高温所熔化，又受到周围工作液介质的快速冷却作用而凝固。

热影响层：热影响层位于熔化层和基体之间，热影响层的金属被熔化，只是受热的影响而没有发生金相组织变化，它与基体没有明显的界限。

② 表面变质层的机械性能

显微硬度及耐磨性：一般来说，电火花加工表面外层的硬度比较高，耐磨性好。但对于滚动摩擦，由于是交变载荷，尤其是干摩擦，因熔化层和基体结合不牢固，容易剥落而磨损。因此，有些要求较高的模具需要把电火花加工后的表面变质层预先研磨掉。

残余应力：电火花表面存在着由于瞬时先热后冷作用而形成的残余应力，而且大部分表现为拉应力。对表面层质量要求较高的工件，应尽量避免使用较大的加工规准，同时在加工中一定要注意工件热处理的质量，以减少工件表面的残余应力。

疲劳性能：电火花加工工件表面的耐疲劳性能比机械加工表面低很多。通常采用回火处理、喷丸处理甚至去掉表面变化层或采用小的加工规准等方法来提高其表面耐疲劳性能。

读者可以结合实训 14 来理解电火花加工的工艺规律。

5.3　电火花机床操作

5.3.1　电极的设计与制作

电极的设计与制作是电火花加工中关键的步骤之一。要想设计及制作出满足实际加工需要的电极，需要考虑的因素有：电极材料的选用、电极的尺寸、电极的个数、电极上是否要开设冲液孔、电极定位的基准面、电极的制作方法等。

1. 电极材料的选用

电火花加工中如何选用电极材料呢？一般来说，主要考虑放电加工特性、价格、电极的切削加工性能。目前常采用的电极材料有铜（紫铜、黄铜）、石墨、银钨合金、铜钨合金、钢等。

表 5-1 为电极材料与被加工工件材料的各种组合及采用该组合时宜选用的电加工极性和电极损耗情况。表 5-1 中的钢包含低碳钢、工件钢、模具钢等所有的钢。表 5-2 为常用电极材料的特点。

表 5-1　电极材料与被加工工件材料的各种组合

电极材料	被加工工件材料	电极极性	电极低消耗	电极材料	被加工工件材料	电极极性	电极低消耗
铜	钢	＋	可	银钨合金	铜	－	不可
铜	铜	－	不可	银钨合金	铜钨合金	－	不可
铜	铝	＋	可	银钨合金	铜钨合金	－	不可
铜	黄铜	＋	可	银钨合金	铝	＋	可
铜	铍铜合金	＋	可	银钨合金	黄铜	＋	可
铜	超硬合金	＋，－	不可	银钨合金	超硬合金	－	不可
铜钨合金	钢	＋	可	银钨合金	钨	－	不可
铜钨合金	铜	－	不可	石墨	钢	＋，－	可
铜钨合金	铜钨合金	－	不可	石墨	铜	－	不可
铜钨合金	银钨合金	－	不可	石墨	铝	＋	可
铜钨合金	铝	＋	可	石墨	黄铜	＋	可
铜钨合金	黄铜	＋	可	石墨	超硬合金	－	不可
铜钨合金	超硬合金	－	不可	黄铜	钢	＋	不可
银钨合金	钢	＋	可	钢	钢	＋	不可

注：① 铜电极加工超硬合金时，粗加工为"＋"极性，精加工为"－"极性；

　　② 石墨电极加工钢时，成型加工时为"＋"极性，穿孔精加工为"－"极性，电极低消耗为"＋"极性。

表 5-2　常用电极材料的特点

钢	(1) 来源丰富、价格便宜,具有良好的机械加工性能; (2) 加工稳定性较差、电极损耗较大、生产率也较低; (3) 多用于一般的穿孔加工
紫铜	(1) 加工过程中稳定性好、生产率高; (2) 精加工时比石墨电极损耗小; (3) 易于加工成精密、微细的花纹,采用精密加工时能达到优于 $R_a 1.25\mu m$ 的表面粗糙度; (4) 因其韧性大,故机械加工性能差、磨削加工困难; (5) 适宜于作电火花成型加工的精加工电极
黄铜	(1) 在加工过程中稳定性好,生产率高; (2) 机械加工性能尚好,它可用仿形刨加工,也可用成形磨削加工,但其磨削性能不如钢和铸铁; (3) 电极损耗最大
石墨	(1) 机加工成型容易,容易修正; (2) 加工稳定性能较好,生产率高,在长脉宽、大电流加工时电极损耗小; (3) 机械强度差,尖角处易崩裂; (4) 适用于作电火花成型加工的粗加工电极材料,因为石墨的热胀系数小,也可作为穿孔加工中的大电极材料
铜钨合金	(1) 铜、钨两种材料的比例可以变动,通常钨含量在 $50\%\sim80\%$ 之间,切削性能好,机械性能稳定,能达到较好的表面粗糙度; (2) 加工时电极损耗小; (3) 价格贵且不能锻造或铸造; (4) 用作加工碳化钨、深孔加工、细致且精密工件的加工
银钨合金	(1) 与铜钨合金的机械性能大致相同; (2) 优点不多,仅用于大量产银的某些国家

表 5-3 为各种模具加工的电极材料与各种模具的对照表,供读者在实际中参考。

2. 电极的设计

电极设计是电火花加工中的关键点之一。在设计中,首先详细分析产品图纸,确定电火花加工位置;其次根据现有设备、材料、拟采用的加工工艺等具体情况确定电极的结构形式;最后根据不同的电极损耗、放电间隙等工艺要求对照型腔尺寸进行缩放,同时要考虑工具电极各部位投入放电加工的先后顺序不同,工具电极上各点的总加工时间和损耗不同,同一电极上端角、边和面上的损耗值不同等因素来适当补偿电极。例如图 5-16 是经过损耗预测后对电极尺寸和形状进行补偿修正的示意图。

表 5-3　各种模具与适用的电极材料

电火花加工内容				电极材料			
加工对象	模具类型	被加工工件材料	放电加工领域	铜	石墨	铜钨	银钨
贯通加工形状	压穿模	钢	粗加工	●	●	○	○
			单侧间隙 0.02μm 以下	○	○	●	●
			单侧间隙 0.02~0.05μm	●	●	●	●
			单侧间隙 0.05μm 以上	●	●	●	●
		超硬合金	粗加工	○	△(消耗大)	●	●
			细加工	△(消耗大)	×(消耗大)	●	●
	粉末冶金模	钢	粗加工	○	○	●	●
			细加工	○	△(消耗大)	●	●
		超硬合金	粗加工	○	△(消耗大)	●	●
			细加工	△(消耗大)	×(消耗大)	●	●
有底加工形状	塑胶模压铸模	钢	表面粗糙度 R_{max} 5~10μm		×(消耗大)	●	○
			表面粗糙度 R_{max} 10~20μm	●	△(消耗大)	●	○
			表面粗糙度 R_{max} 20~30μm	●	○	○	△(高价)
			表面粗糙度 R_{max} 30~50μm	●	●	△(高价)	×(高价)
			表面粗糙度 R_{max} 50~100μm	○	●	×(高价)	×(高价)
			表面粗糙度 R_{max} 10~200μm	△(消耗大)	●	×(高价)	×(高价)
	锻造模	钢	表面粗糙度 R_{max} 10~20μm	●	△(消耗大)	○	△(高价)
			表面粗糙度 R_{max} 20~30μm	●	○	△(高价)	×(高价)
			表面粗糙度 R_{max} 30~50μm	●	●	×(高价)	×(高价)
			表面粗糙度 R_{max} 50~100μm	●	●	×(高价)	×(高价)
			表面粗糙度 R_{max} 100~200μm	△(消耗大)	●	×(高价)	×(高价)
			表面粗糙度 R_{max} 200μm 以上	×(消耗大)	●	×(高价)	×(高价)
被削性			切削性	○	●	○	○
可否银焊				●	×	●	●

注：●表示优秀；○表示大致良好；△表示有问题；×表示不宜用。

（1）电极的结构形式

应根据型孔或型腔的尺寸大小、复杂程度及电极的加工工艺性等来确定电极的结构形式，常用的电极结构形式如下。

① 整体电极

整体式电极由一整块材料制成（如图 5-17（a）所示）。若电极尺寸较大，则在内部设置减轻孔及多个冲油孔（如图 5-17（b）所示）。

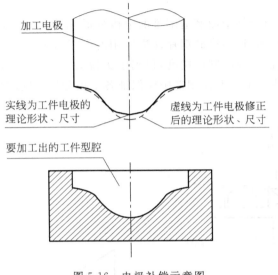

图 5-16　电极补偿示意图

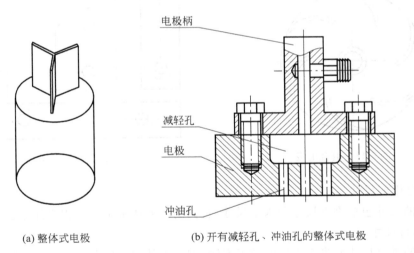

(a) 整体式电极　　　　　　(b) 开有减轻孔、冲油孔的整体式电极

图 5-17　整体式电极

② 组合电极

组合电极是将若干个小电极组装在电极固定板上,可一次性同时完成多个成形表面电火花加工的电极。如图 5-18 所示加工叶轮的工具电极是由多个小电极组装而构成的。

采用组合电极加工时,生产率高,各型孔之间的位置精度也较准确。但是对组合电极来说,一定要保证各电极间的定位精度,并且每个电极的轴线要垂直于安装表面。

③ 镶拼式电极

镶拼式电极是对形状复杂而制造困难的电极分成几块来加工,然后再镶拼成整体的电极。如图 5-19 所示,将 E 字形硅钢片冲模所用的电极分成三块,加工完毕后再镶拼成整体。这样既可以保证电极的制造精度,得到了尖锐的凹角,而且简化了电极的加工,节约了材料,降低了制造成本。但在制造中应保证各电极分块之间的位置准确,配合要紧密牢固。

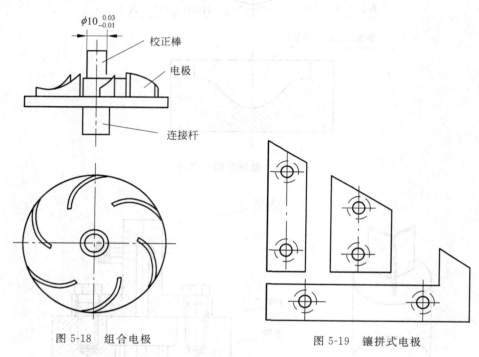

图 5-18　组合电极　　　　　　　　图 5-19　镶拼式电极

（2）电极的尺寸

电极的尺寸包括垂直尺寸和水平尺寸,它们的公差通常是型腔相应部分公差的 1/2。

① 垂直尺寸

电极的垂直尺寸取决于采用的加工方法、加工工件的结构形式、加工深度、电极材料、型孔的复杂程度、装夹形式、使用次数、电极定位校直、电极制造工艺等一系列因素。在设计中,综合考虑上述各种因素后可以很容易地确定电极的垂直尺寸,简单举例如下。

如图 5-20(a)所示的凹模穿孔加工电极,L_1 为凹模板挖孔部分长度尺寸,在实际加工中 L_1 部分虽然不需电火花加工,但在设计电极时必须考虑该部分长度;L_3 为电极加工中端面损耗部分,在设计中也要考虑。

如图 5-20(b)所示的电极用来清角,即清除某型腔的角部圆角。由于加工部分电极

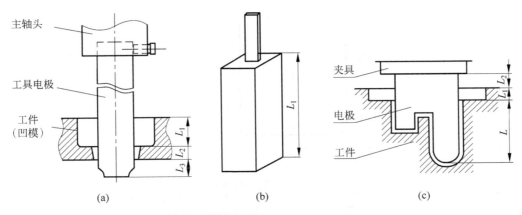

图 5-20　电极垂直尺寸图

较细,受力易变形,又根据电极定位、校正的需要,在实际中适当增加长度 L_1 的部分。

如图 5-20(c)所示的电火花成型加工电极,电极尺寸包括了加工一个型腔的有效高度 L、加工一个型腔位于另一个型腔中需增加的高度 L_1、加工结束时电极夹具和夹具或压板不发生碰撞而应增加的高度 L_2 等。

② 水平尺寸

如图 5-21 所示,确定电极水平尺寸的关键是确定减寸量 $(A-a)$(即电极与欲加工型腔面之间的尺寸差)。

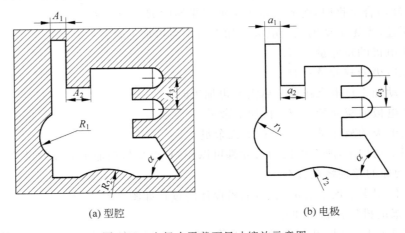

(a) 型腔　　　　　　　(b) 电极

图 5-21　电极水平截面尺寸缩放示意图

当无平动加工时,精加工电极的减寸量主要由电火花加工的放电间隙 $2\delta_0$(如图 5-22 所示)决定,粗加工电极的减寸量主要由安全间隙 M 决定。

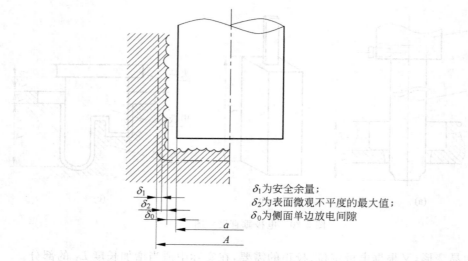

δ_1为安全余量；
δ_2为表面微观不平度的最大值；
δ_0为侧面单边放电间隙

图 5-22　电极单边缩放量原理图

一般来说,安全间隙值 M 包含三部分(如图 5-22 所示):放电间隙、粗加工侧向表面粗糙度、安全余量(主要考虑温度影响、表面粗糙度测量误差),即

$$M = 2(\delta_0 + \delta_1 + \delta_2) \tag{5-2}$$

另外需要注意的是:如果工件加工后需要抛光,那么在水平尺寸的确定过程中需要考虑抛光余量等再加工余量。一般情况下,加工钢时,抛光余量为精加工粗糙度 R_{max} 的 3 倍;加工硬质合金钢时,抛光余量为精加工粗糙度 R_{max} 的 5 倍。

综上所述,当无平动加工且电火花加工后不需再加工时:

粗加工电极的减寸量＝M;

精加工电极的减寸量＝$2\delta_0$。

当无平动加工且电火花加工后需要再加工时:

粗加工电极的减寸量＝M＋再加工余量;

精加工电极的减寸量＝$2\delta_0$＋再加工余量。

当使用平动加工,所有电极的尺寸都可以相同,至少与粗加工电极的尺寸一样。通过平动,放电间隙的差别将被弥补。

在没有使用平动加工的情况下,电极设计的过程如图 5-23 所示。

(3) 电极的排气孔和冲油孔

电火花成型加工时,型腔一般均为盲孔,排气、排屑条件较为困难,这直接影响加工效率与稳定性,精加工时还会影响加工表面粗糙度。为改善排气、排屑条件,大、中型腔加工电极都设计有排气、冲油孔。一般情况下,开孔的位置应尽量保证冲液均匀和气体易于排出。在实际设计中要注意如下:

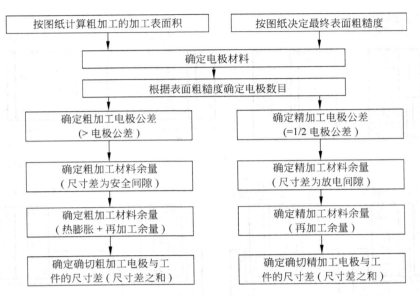

图 5-23　电极的设计过程

① 为便于排气,经常将冲油孔或排气孔上端直径加大(如图 5-24(a)所示)。

② 气孔尽量开在蚀除面积较大以及电极端部有凹入的位置(如图 5-24(b)所示)。

③ 冲油孔要尽量开在不易排屑的拐角、窄缝处(图 5-24(c)不好,图 5-24(d)好)。

④ 排气孔和冲油孔的直径约为平动量的 1~2 倍,一般取 $\phi 1mm \sim \phi 1.5mm$;为便于排气排屑,常把排气孔、冲油孔的上端孔径加大到 $\phi 5mm \sim \phi 8mm$;孔距在 20~40mm 左右,位置相对错开,以避免加工表面出现"波纹"。

⑤ 尽可能避免冲液孔在加工后留下的柱芯(如图 5-24(f),(g),(h)较好,图 5-24(e)不好)。

⑥ 冲油孔的布置需注意冲油要流畅,不可出现无工作液流经的"死区"。

读者可以结合实训 15 来理解电极的设计。

3．电极的制造

在进行电极制造时,尽可能将要加工的电极坯料装夹在即将进行电火花加工的装夹系统上,避免因装卸而产生定位误差。

常用的电极制造方法有:

(1) 切削加工

过去常见的切削加工有铣、车、平面和圆柱磨削等方法。随着数控技术的发展,目前经常采用数控铣床(加工中心)制造电极。数控铣削加工电极不仅能加工精度高、形状复杂的电极,而且速度快。

石墨材料加工时容易碎裂、粉末飞扬,所以在加工前需将石墨放在工作液中浸泡 2~

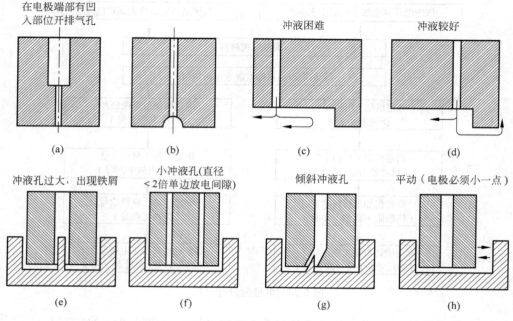

图 5-24　电极开设示意图

3 天,这样可以有效减少崩角及粉末飞扬。紫铜材料切削较困难,为了达到较好的表面粗糙度经常在切削加工后进行研磨抛光加工。

　　在用混合法穿孔加工冲模的凹模时,为了缩短电极和凸模的制造周期,保证电极与凸模的轮廓一致,通常采用电极与凸模联合成形磨削的方法。这种方法的电极材料大多数选用铸铁和钢。

　　当电极材料为铸铁时,电极与凸模常用环氧树脂等材料胶合在一起,如图 5-25 所示。对于截面积较小的工件,由于不易粘牢,为了防止在磨削过程中发生电极或凸模脱落,可采用锡焊或机械方法使电极与凸模连接在一起。当电极材料为钢时,可把凸模加长些,将其作电极,即把电极和凸模做成一个整体。

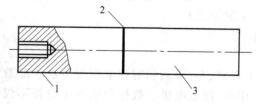

图 5-25　电极与凸模粘结

1—电极;2—粘结面;3—凸模

电极与凸模联合成形磨削,其共同截面的公称尺寸应直接按凸模的公称尺寸进行磨削,公差取凸模公差的 $1/2 \sim 2/3$。

当凸、凹模的配合间隙等于放电间隙时,磨削后电极的轮廓尺寸与凸模完全相同。

当凸、凹模的配合间隙小于放电间隙时,电极的轮廓尺寸应小于凸模的轮廓尺寸,在生产中可用化学腐蚀法将电极尺寸缩小至设计尺寸。

当凸、凹模的配合间隙大于放电间隙时,电极的轮廓尺寸应大于凸模的轮廓尺寸。在生产中可用电镀法将电极扩大到设计尺寸。

具体的化学腐蚀或电镀法可以参考有关资料。

（2）线切割加工

除用机械方法制造电极以外,在有特殊需要的场合下也可用线切割加工电极。此种方法特别适用于形状特别复杂,用机械加工方法无法胜任或很难保证精度的情况。

图 5-26 所示的电极,在用机械加工方法制造时,通常是把电极分成四部分来加工,然后再镶拼成一个整体,如图 5-26（a）所示。由于分块加工中产生的误差及拼合时的接缝间隙和位置精度的影响,使电极产生一定的形状误差。如果使用线切割加工机床对电极进行加工,则可以很容易地制作出来,并能很好地保证其精度,如图 5-26（b）所示。

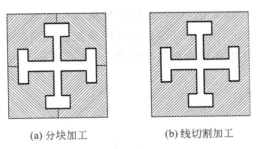

(a) 分块加工　　　　(b) 线切割加工

图 5-26　机械加工与线切割加工

（3）电铸加工

电铸方法主要用来制作大尺寸电极,特别是在板材冲模领域。使用电铸制作出来的电极的放电性能特别好。

用电铸法制造电极,复制精度高,可制出用机械加工方法难以完成的细微形状的电极。它特别适合于有复杂形状和图案的浅型腔的电火花加工。电铸法制造电极的缺点是加工周期长、成本较高,并且电极质地比较疏松,使加工时的电极损耗较大。

5.3.2　电极的装夹、校正与定位

电极装夹的目的是指将电极安装在机床的主轴头上,电极校正的目的是使电极的轴线平行于主轴头的轴线,即保证电极与工作台台面垂直,必要时还应保证电极的横截面基

准与机床的 X,Y 轴平行。

1. 电极的装夹

电极在安装时,一般使用通用夹具或专用夹具直接将电极装夹在机床主轴的下端电极夹头上。常用装夹方法有下面几种:

小型的整体式电极多数采用通用夹具直接装夹在机床主轴下端,采用标准套筒、钻夹头装夹(如图 5-27,图 5-28 所示);对于尺寸较大的电极,常将电极通过螺纹连接直接装夹在夹具上(如图 5-29 所示)。

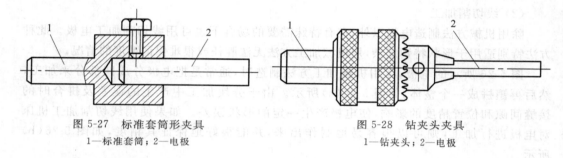

图 5-27　标准套筒形夹具　　　　　　图 5-28　钻夹头夹具
1—标准套筒;2—电极　　　　　　　　1—钻夹头;2—电极

镶拼式电极的装夹比较复杂,一般先用联接板将几块电极拼接成所需的整体,然后再用机械方法固定(如图 5-30(a)所示);也可用聚氯乙烯醋酸溶液或环氧树脂粘合(如图 5-30(b)所示)。在拼接中各结合面需平整密合,然后再将连接板连同电极一起装夹在电极柄上。

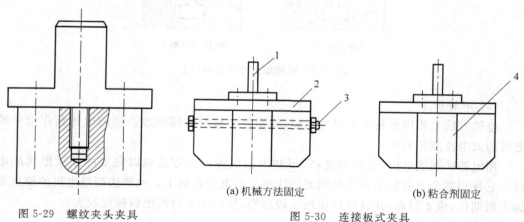

(a) 机械方法固定　　　　　　　(b) 粘合剂固定

图 5-29　螺纹夹头夹具　　　　　图 5-30　连接板式夹具
1—电极柄;2—连接板;3—螺栓;4—粘合剂

2. 电极的校正

电极装夹好后，必须进行校正才能加工，即不仅要调节电极与工件基准面垂直，而且需在水平面内调节、转动一个角度，使工具电极的截面形状与将要加工的工件型孔或型腔定位的位置一致。电极的校正主要靠调节电极夹头的相应螺钉。如图 5-31 所示的电极夹头，部件 1 为电极旋转角度调整螺丝；部件 2 为电极左右水平调整螺丝及锁定螺帽；部件 3 为电极前后水平调整螺丝及锁定螺帽。

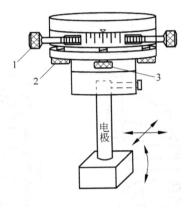

(a) 电极夹头示意图

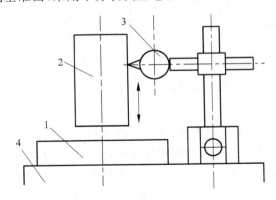

(b) 电极夹头

图 5-31　电极夹头

电极装夹到主轴上后，必须进行校正，一般的校正方法有：
① 根据电极的侧基准面，采用千分表找正电极的垂直度（如图 5-32 所示）。

图 5-32　用千分表校正电极垂直度
1—凹模；2—电极；3—千分表；4—工作台

② 电极上无侧面基准时,将电极上端面作为辅助基准找正电极的垂直度(如图 5-33 所示)。

近年来,为了提高效率,很多电火花加工机床采用高精度的定位夹具系统(3R 系列、EROWA 系列),可以实现电极的快速装夹与校正。具体做法如图 5-34 所示,其原理是使用相同基准面的同一夹具,分别安装在铣床工作台和电火花加工机床的主轴上,当完成电极的铣削加工后,即可直接将电极装夹在电火花加工机床的主轴上,不需要再重新实施电极的校正工作。

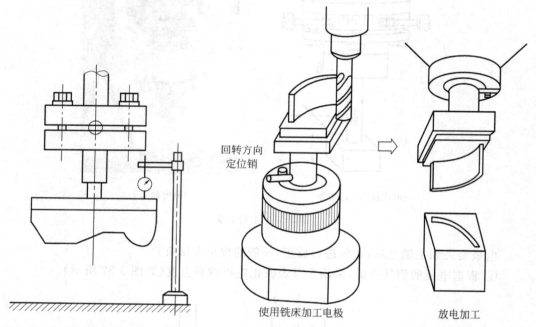

图 5-33　加工型腔时校正电极垂直度　　　　图 5-34　电极加工与放电加工使用相同的基准

读者可以结合实训 16 来理解电极的装夹。

3. 电极的定位

电极装夹好后,还应将工件装夹好,然后再将电极定位于要加工工件的某一位置。

电火花加工工件的装夹与机械切削机床相似,但由于电火花加工中的作用力很小,所以更容易装夹。在实际生产中,工件常用压板、磁性吸盘(吸盘中的内六角孔中插入扳手可以调节磁力的有无)(如图 5-35 所示)、虎钳等固定在机床工作台上,多数用百分表来校正(如图 5-36 所示),使工件的基准面分别与机床的 X,Y 轴平行。

电极相对于工件定位是指将已安装校正好的电极对准工件上的加工位置,以保证加工的孔或型腔在工件上的位置精度。习惯上将电极相对于工件的定位过程称为找正。电

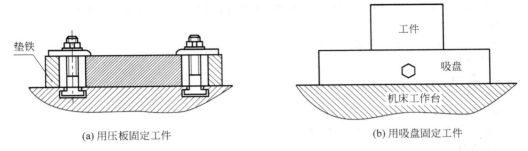

(a) 用压板固定工件　　　　　　　(b) 用吸盘固定工件

图 5-35　工件的固定

极找正与其他数控机床的定位方法大致相同,读者可以借鉴参考。

　　目前生产的大多数电火花机床都有接触感知功能,通过接触感知功能能较精确地实现电极相对工件的定位。

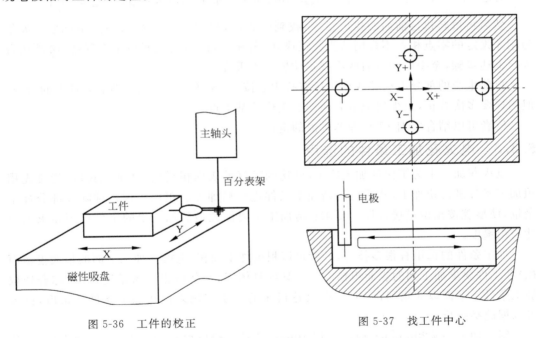

图 5-36　工件的校正　　　　　　　图 5-37　找工件中心

　　图 5-37 是利用数控电火花成型机床的 MDI 功能手动操作实现电极定位于型腔的中心,具体方法如下:

　　(1) 将工件型腔、电极表面的毛刺去除干净,手动移动电极到型腔的中间,执行如下指令:

```
G80 X-；
G92 G54 X0；        /一般机床将 G54 工作坐标系作为默认工作坐标系,故 G54 可省略
M05 G80 X+；
M05 G82 X；         /移到 X 方向的中心
G92 X0；
G80 Y-；
G92 Y0；
M05 G80 Y+；
M05 G82 Y；         /移到 Y 方向的中心
G92 Y0；
```

(2) 通过上述操作,电极找到了型腔的中心。但考虑到实际操作中由于型腔、电极有毛刺等意外因素的影响,应确认找正是否可靠。

在找到型腔中心后,执行如下指令：

```
G92  G55  X0  Y0；        /将目前找到的中心在 G55 坐标系内的坐标值也设定为 X0,Y0
```

然后再重新执行前面的找正指令,找到中心后,观察 G55 坐标系内的坐标值。如果与刚才设定的零点相差不多则认为找正成功,若相差过大,则说明找正有问题,必须接着进行上述步骤,至少保证最后两次找正位置基本重合。

目前生产的部分电火花成型机床有找中心按钮,这样可以避免手动输入过多的指令,但同样要多次找正,至少保证最后两次找正位置基本重合。

读者可以结合实训 17 来理解电极的定位。

5.3.3　电火花加工条件的选用

电火花加工中为了保证加工质量(即达到较好的表面粗糙度)和加工速度,通常先用粗加工条件进行粗加工,然后再用精加工条件进行精加工。粗加工用以蚀除大部分加工余量,使型腔按预留量接近尺寸要求；精加工主要保证最后加工出的工件达到要求的尺寸与粗糙度。

加工条件的选用有很多技巧,一般可以根据加工面积(电极在加工平面的最大投影面积)和工件要求加工到的表面粗糙度结合某些具体因素(如电极准备情况)等来综合选取加工条件。下面以北京阿奇 SP 型电火花机床的加工实例来说明加工条件的选取,读者可以据此举一反三。

例　加工一 $\phi 20\text{mm}$ 的圆柱孔,深 10mm,表面粗糙度要求 $R_a = 2.0\mu m$,要求损耗、效率兼顾,为铜打钢。(即电板的材料为铜,加工的工件材料为钢。下同。)

其加工的工艺过程和工艺留量按以下方法确定：

(1) 确定第一个加工条件

① 如果电极还未做好,可根据投影面积的大小和工艺组合,由加工参数表选择第一

个加工条件。由于工艺要求为损耗、效率兼顾，故根据表 5-4 所示的铜打钢（标准型参数表），由投影面积为 $3.14cm^2$，按参数表确定第一个加工条件为 C131，从而确定电极尺寸差为 0.61mm（即采用加工条件 C131，电极的尺寸为 $20-0.61=19.39mm$）。

表 5-4　铜打钢（标准型参数表）

条件号	面积/cm²	安全间隙/mm	放电间隙/mm	加工速度/(mm³/min)	损耗/%	侧面 R_a	底面 R_a	极性	电容	高压管数	管数	脉冲间隙	脉冲宽度	模式	损耗类型	伺服基准	伺服速度	极限值脉冲间隙	极限值伺服基准
121		0.045	0.040			1.1	1.2	+	0	0	2	4	8	8	0	80	8		
123		0.070	0.045			1.3	1.4	+	0	0	3	4	8	8	0	80	8		
124		0.10	0.050			1.6	1.6	+	0	0	4	6	10	8	0	80	8		
125		0.12	0.055			1.9	1.9	+	0	0	5	6	10	8	0	75	8		
126		0.14	0.060			2.0	2.6	+	0	0	6	7	11	8	0	75	10		
127		0.22	0.11	4.0		2.8	3.5	+	0	0	7	8	12	8	0	75	10		
128	1	0.28	0.165	12.0	0.40	3.7	5.8	+	0	0	8	11	15	8	0	75	10	5	52
129	2	0.38	0.22	17.0	0.25	4.4	7.4	+	0	0	9	13	17	8	0	75	12	6	52
130	3	0.46	0.24	26.0	0.25	5.8	9.8	+	0	0	10	13	18	8	0	70	12	6	50
131	4	0.61	0.31	46.0	0.25	7.0	10.2	+	0	0	11	13	18	8	0	65	15	5	48
132	6	0.72	0.36	77.0	0.25	8.2	12	+	0	0	12	14	19	8	0	65	15	5	48
133	8	1.00	0.53	126.0	0.15	12.2	15.2	+	0	0	13	14	22	8	0	65	15	5	45
134	12	1.06	0.544	166.0	0.15	13.4	16.7	+	0	0	14	14	23	8	0	58	15	7	45
135	20	1.581	0.84	261.0	0.15	15.0	18.0	+	0	0	15	16	25	8	0	58	15	8	45

② 若有现存的电极且尺寸差为 0.6mm，则由电极的尺寸差和投影面积综合选择首要加工条件为 C130。若用尺寸差为 0.6mm（即电极的尺寸为 $20-0.60=19.4(mm)$）的电极采用 C131 加工条件，则电极尺寸大，工件可能超差（试作思考，为什么？）。

注意：尺寸差是决定首要加工条件的优先条件。如果尺寸差太小，即使投影面积很大，也无法选择较大的条件作为首要加工条件。

本例按①选 C131 做首要加工条件，电极尺寸差按 0.61mm 做。

（2）由表面粗糙度要求确定最终加工条件。根据最终表面粗糙度为 $R_a=2.0\mu m$，查看参数表 5-4，侧面、底面均满足要求时选 C125。

（3）中间条件全选，即加工过程为：C131—C130—C129—C128—C127—C126—C125。

（4）每个条件的底面留量（即加工深度）计算方法如下：

最后一个加工条件按该条件的单边火花放电间隙值（$2\delta_0$）留底面加工余量。除最后一个加工条件外，其他底面留量按该加工条件的安全间隙值的一半（$M/2$）留底面加工余量。

本例每个条件的底面留量确定如表 5-5 所示。

表 5-5 加工条件与底面留量对应表 单位：mm

加工条件 项目	C131	C130	C129	C128	C127	C126	C125
安全间隙值(M)	0.61	0.46	0.38	0.28	0.22	0.14	0.12
放电间隙($2\delta_0$)	0.31	0.24	0.22	0.165	0.11	0.060	0.055
底面留量	0.305	0.23	0.19	0.14	0.11	0.07	0.0275
备 注	粗加工	粗加工	粗加工	粗加工	粗加工	粗加工	精加工

(5) 带平动加工时平动量的计算

若用尺寸差为 0.61mm 的电极加工此工件,则需要使用平动加工。从理论上讲,当采用各个加工条件时,平动量为实际电极尺寸与不采用平动加工时电极尺寸的差值的一半,具体见表 5-6。

表 5-6 加工条件与平动量的理论计算对应表 单位：mm

加工条件 项目	C131	C130	C129	C128	C127	C126	C125
底面留量	0.305	0.23	0.19	0.14	0.11	0.07	0.0275
不采用平动加工时电极的尺寸	20−2×0.305=19.39	20−2×0.23=19.54	20−2×0.19=19.62	20−2×0.14=19.72	20−2×0.11=19.78	20−2×0.07=19.86	20−2×0.0275=19.945
实际电极尺寸	19.39	19.39	19.39	19.39	19.39	19.39	19.39
平动量	0	(19.54−19.39)/2=0.075	(19.62−19.39)/2=0.115	(19.72−19.39)/2=0.165	(19.78−19.39)/2=0.195	(19.86−19.39)/2=0.235	(19.945−19.39)/2=0.2775
备 注	粗加工	粗加工	粗加工	粗加工	粗加工	粗加工	精加工

与加工条件一样,平动量的选择也需要实际经验,北京 Agie Charmilles 技术服务有限公司推荐了一种计算方法,具体如下:

$$平动半径(R)＝电极尺寸收缩量/2＝0.305$$
$$每个条件的平动量＝R-M/2(首要条件)$$
$$＝R-0.4M(中间条件)$$
$$＝R-\delta_0(最终条件)$$

故本例中每个条件的平动量确定如下:

加工条件	C131	C130	C129	C128	C127	C126	C125
平动量/mm	0	0.121	0.153	0.193	0.217	0.249	0.2775

读者可以结合实训 18 来理解电火花加工。

5.3.4　电火花加工中的排屑

在电火花加工中,电极与工件放电间隙中的粉屑、加工液燃烧生成的碳化物、气泡等电蚀产物需要及时排出,否则加工粉屑将容易导致短路现象,同时粉屑过多容易导致工作液的导电性增加而产生异常变化,并产生持续放电集中等。

电火花加工中排出电蚀产物的常用方法有如下几种。

（1）电极的冲油（如图 5-38 所示）

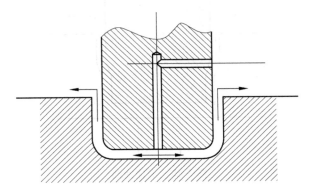

图 5-38　电极冲油

在电极上开小孔并强迫冲油是型腔电加工最常用的方法之一。冲油小孔直径一般为 $\phi 0.5\text{mm} \sim \phi 2\text{mm}$ 左右,可以根据需要开一个或几个小孔。

（2）工件的冲油（如图 5-39 所示）

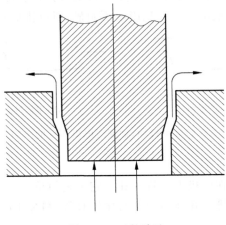

图 5-39　工件冲油

工件冲油是穿孔电加工最常用的方法之一。由于穿孔加工大多在工件上开有预孔，所以具有冲油的条件。型腔加工时如果允许工件加工部位开孔也可采用此法。

（3）工件抽油（如图 5-40 所示）

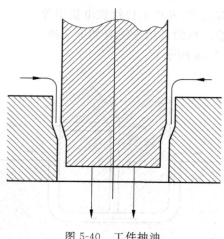

图 5-40　工件抽油

此方法常用于穿孔加工。由于加工的蚀除物不经过加工区，所以加工斜度很小。抽油时要使放电时产生的气体（大多是易燃气体）及时排放，不能积聚在加工区，否则会引起"放炮"。"放炮"是严重的事故，轻则使工件移动，重则使工件炸裂，主轴头受到严重损伤。通常在安放工件的油杯上采取措施，使抽油的部位尽量接近加工位置，使产生的气体及时抽走。

抽油的排屑效果不如冲油好。冲油和抽油对电极损耗有影响（如图 5-41 所示），尤其对排屑条件比较敏感的紫铜电极的损耗影响更明显，所以排屑较好时则不用冲、抽油。

(a) 电极冲油对电极损耗的影响　　　　　　　　　　(b) 电极抽油对电极损耗的影响

图 5-41　电极冲、抽油对电极损耗的影响

（4）开排气孔

大型型腔加工时经常在电极上开排气孔。它工艺简单，虽然排屑效果不如冲油，但它对电极损耗影响较小。开排气孔在粗加工时比较有效，精加工时须采用其他排屑办法。

（5）抬刀

工具电极在加工中边加工边抬刀是最常用的排屑方法之一。通过抬刀，电极与工件间的间隙加大,液体流动加快,有助于电蚀产物的快速排除。

抬刀有两种情况:一种是定时的周期抬刀,目前绝大部分电火花机床具备此功能;另一种情况是自适应抬刀,可以根据加工的状态自动调节进给的时间和抬起的时间(即抬起高度),使加工正好一直处于正常状态。自适应抬刀与自适应冲油一样,在加工出现不正常时才抬刀,正常加工时则不抬刀。显然,自适应抬刀对提高加工效率有益,减少了不必要的抬刀。

(6) 电极的摇动或平动

电火花加工中电极的平动或摇动加工从客观上改善了排屑条件。排屑的效果与电极平动或摇动的速度有关。

在采用上述方法实现工作液冲油或抽油强迫循环中,往往需要在工作台上装上油杯(如图 5-42 所示),油杯的侧壁和底边上开有冲油和抽油孔。放电加工时,工作液会分解产生气体(主要是氢气)。这种气体如不及时排出,就会存积在油杯里,若被电火花放电引燃时,将产生"放炮"现象,造成电极与工件之间产生位移,给加工带来很大麻烦,影响被加工工件的尺寸精度。

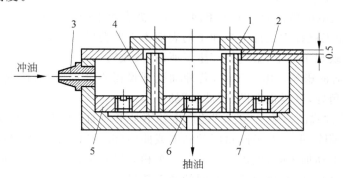

图 5-42　油杯结构图

1—工件;2—油杯管;3—管接头;4—抽油抽气管;5—底板;6—油塞;7—油杯体

5.3.5　电火花机床操作技巧

(1) 表面粗糙度问题

电火花加工型腔模,有时型腔表面会出现尺寸到位但修不光的现象。造成这种现象的原因有以下几方面:

① 电极对工作台的垂直度没校正好,使电极的一个侧面成了倒斜度,这样相对应模具侧面的上部分就会修不光;

② 主轴进给时,出现扭曲现象,影响了模具侧表面的修光;

③ 在加工开始前,平动头没有调到零位,以致到了预定的偏心量时,有一面无法修出;

④ 各挡规准转换过快,或者跳规准进行修整,使端面或侧面留下粗加工的麻点痕迹

无法再修光;

⑤ 电极或工件没有装夹牢固,在加工过程中出现错位移动,影响模具侧面粗糙度的修整;

⑥ 平动量调节过大,加工过程出现大量碰撞短路,使主轴不断上下往返,造成有的面修出,有的面修不出。

以上这些原因要根据实际情况具体分析,找出影响表面粗糙度的主要因素,然后加以解决。

（2）影响模具表面质量"波纹"的问题

用平动头修光侧面的型腔,在底部圆弧或斜面处易出现"细丝"及鱼鳞状的凸起,这就是"波纹"。"波纹"问题将严重影响模具加工的表面质量,一般"波纹"产生的原因如下:

① 电极材料的影响。如石墨材料颗粒粗、组织疏松、强度差会引起粗加工后电极表面产生严重剥落现象（包括疏松性剥落、压层不均匀性剥落、热疲劳破坏剥落、机械性破坏剥落）,紫铜材料质量差会产生网状剥落。电火花加工是精确"仿形"加工,经过平动修整反映到工件,就产生了"波纹"。

② 中、粗加工电极损耗大。由于粗加工后电极表面粗糙度值很大,中、精加工时电极损耗较大,故在加工过程中工件上粗加工的表面不平度会反拷贝到电极上,电极表面产生的高低不平又反映到工件上,最终就产生了所谓"波纹"。

③ 冲油、排屑的影响。电加工时,若冲油孔开设得不合理,排屑情况不良,则蚀除物会堆积在底部转角处,这样也会助长"波纹"的产生。

④ 电极运动方式的影响。"波纹"的产生并不是平动加工引起的,相反平动运动有利于底面"波纹"的消除,但它对不同角度的斜度或曲面"波纹"仅有不同程度的减少,却无法消除。这是因为平动加工时,电极与工件有一个相对错开位置。加工底面错位量大,加工斜面或圆弧错位量小,因而导致两种不同的加工效果。

减少或消除"波纹"的常用方法有:

① 采用较好的石墨电极,粗加工开始时用小电流密度,以改善电极表面质量。

② 采用中、精加工低损耗的脉冲电源及电参数。

③ 合理开设冲油孔,采用适当的抬刀措施。

④ 采用多电极加工工艺。

⑤ 精加工留在型腔表面的黑斑常常给最后的加工带来麻烦,仔细观察该部分的表面不平度较周围其他部分要差。这种黑斑常常是由于在精加工时脉冲能量小,使积留在间隙中的蚀除物不能及时排出所致。因此,在最后精加工时要注意控制主轴进行灵敏地抬刀,不使炭黑滞留而产生黑斑。

（3）工件准备问题

一般来说,机械切削的效率比电火花加工的效率高,所以电火花加工时,尽可能用机械加工的方法先去除大部分加工余料即预加工（如图 5-43 所示）。预加工可以节省电火花粗加工时间、提高总的生产效率，但预加工时也要注意：

① 所留余量要适合，尽量做到余量均匀，否则会影响型腔表面粗糙度和电极不均匀的损耗，破坏型腔的仿型精度；

② 对一些形状复杂的型腔，顶加工比较困难，可直接进行电火花加工；

③ 在缺少通用夹具的情况下，用常规夹具在预加工中需要将工件多次装夹；

④ 预加工后使用的电极上可能有铣削等机加工痕迹（如图 5-44 所示），如用该电极精加工则可能影响到工件的表面粗糙度；

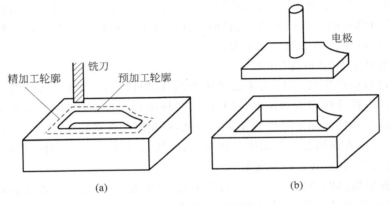

图 5-43　预加工示意图

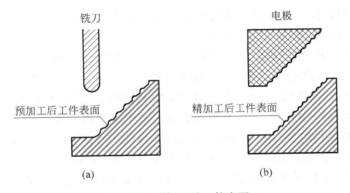

图 5-44　预加工后工件表面

⑤ 预加工过的工件进行电火花加工时，在起始阶段加工稳定性可能存在问题。

工件在预加工后，便可以进行淬火、回火等热处理。即热处理工序尽量安排到电火花加工前面，因为这样可避免热处理变形对电火花加工尺寸精度、型腔的变形等影响。但热处理安排在电火花加工前也有它的缺点,如电火花加工将淬火表层加工掉一部分,影响了热处理的质量和效果。所以有些型腔模安排在热处理前进行电火花加工,这样型腔加工后钳工抛光容易,并且淬火时的淬透性也较好。在生产中应根据实际情况,恰当地安排热处理工序。

工件在电火花加工前还必须除锈去磁,否则在加工中工件吸附铁屑,很容易引起拉弧烧伤。

(4)正确控制电极尺寸的缩放

电火花加工中工件的尺寸与电极的尺寸密切相关。在加工型腔时,电极的尺寸要偏"小"一些,也就是"宁小勿大"。若放电间隙留小了,电极做"大"了,使实际的加工尺寸超差,则造成不可修废品。如电极略微偏"小",在尺寸上留有调整的余地,经过平动调节或稍加配研,可最终保证图纸的尺寸要求。

(5)避免加工中的"放炮"现象

在加工过程中产生的气体,集聚在电极下端或油杯内部,当气体受到电火花引燃时,就会像"放炮"一样冲破阻力而排出,这时很容易使电极与凹模错位,影响加工质量,甚至报废。这种情况在抽油加工时更易发生。因此,在使用油杯进行型孔加工时,要特别注意排气,适当抬刀或者在油杯顶部周围开出气槽、排气孔,以利排出积聚的气体。

(6)防止加工中的电弧烧伤现象

加工过程中局部电蚀物密度过高,排屑不良,放电通道、放电点不能正常转移,将使工具、工件局部放电点温度升高,产生积炭,引起恶性循环,使放电点更加固定集中,转化为稳定电弧,使工具、工件表面积炭烧伤。防止办法是增大脉间及加大冲油,增加抬刀频率和幅度,改善排屑条件。发现加工状态不稳定时就应采取措施,防止转变成稳定电弧。

(7)科学选择电火花加工工艺问题

在电火花加工中,如何合理地制定电火花加工工艺?如何用最快的速度,加工出最佳质量的产品?一般来说主要采用两种方法来处理:第一,先主后次,如用电火花加工去除断在工件中的钻头、丝锥时,应优先保证速度,因为此时的工件的表面粗糙度、电极损耗已经不重要了;第二,采用各种手段,兼顾各方面。其中常见的方法有:

① 粗、中、精逐挡过渡式加工方法。粗加工用以蚀除大部分加工余量,使型腔按预留量接近尺寸要求;中加工用以提高工件表面粗糙度等级,并使型腔基本达到要求,一般加工量不大;精加工主要保证最后加工出的工件达到要求的尺寸与粗糙度。在加工时,首先通过粗加工,高速去除大量金属,这是通过大功率、低损耗的粗加工规准解决的;其次,通过中、精加工保证加工的精度和表面质量。中、精加工虽然工具电极相对损耗大,但在一般情况下,中、精加工余量仅占全部加工量的极小部分,故工具电极的绝对损耗极小。

在粗、中、精加工中,注意转换加工规准。

② 先用机械加工去除大量的材料,再用电火花加工保证加工精度和加工质量。电火

花成形加工的材料去除率还不能与机械加工相比。因此,在工件型腔电火花加工中,有必要先用机械加工方法去除大部分加工量,使各部分余量均匀,从而大幅度提高工件的加工效率。

③ 采用多电极加工方法。在加工中及时更换电极,当电极绝对损耗量达到一定程度时,及时更换,以保证良好的加工质量。

实训 14　电火花加工工艺规律实训

1. 实训目的

① 通过操作电火花机床加工零件,掌握电火花加工的基本过程,熟悉电火花加工中的常用术语;

② 通过调节电火花加工中常用加工参数的大小,理解影响电火花加工速度、表面粗糙度、电极损耗等工艺指标的各种因素。

2. 实训设备

电火花成形加工机床。

3. 实训内容

用紫铜电极(如图 5-45 所示)在 45 钢上加工一方孔(如图 5-46 所示)。

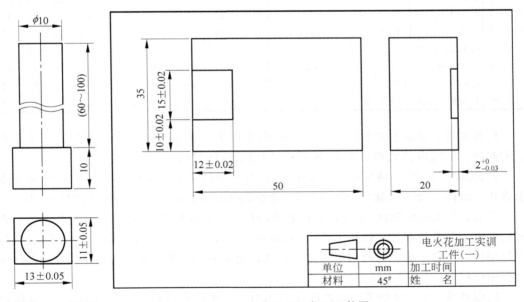

图 5-45　电极　　　　　　　　　图 5-46　加工工件图

实训具体过程如下：

① 认真阅读电火花加工工艺基础的相关内容，进一步熟悉机床的有关加工条件的相关资料。

虽然电火花机床制造企业不同，但其相关的加工资料都大同小异，表 5-7 为北京阿奇 SP 系列的部分加工条件。其中部分参数含义如下：

表 5-7　铜打钢——最小损耗型参数表（仅供参考）

条件号	面积/cm²	安全间隙/mm	放电间隙/mm	加工速度/(mm³/min)	损耗/%	侧面 R_a	底面 R_a	极性	电容	高压管数	管数	脉冲间隙	脉冲宽度	模式	损耗类型	伺服基准	伺服速度	极限值 脉冲间隙	极限值 伺服基准
100		0.009	0.009			0.86	0.86	+	0	0	3	2	2	8	0	85	8	2	85
101		0.035	0.025			0.90	1.0	+	0	0	2	6	9	8	0	80	8	2	65
103		0.050	0.040			1.0	1.2	+	0	0	3	7	11	8	0	80	8	2	65
104		0.060	0.048			1.1	1.7	+	0	0	4	8	12	8	0	80	8	2	64
105		0.105	0.068			1.5	1.9	+	0	0	5	9	13	8	0	75	8	2	60
106		0.130	0.091			1.8	2.3	+	0	0	6	10	14	8	0	75	10	2	58
107		0.200	0.160	2.7		2.8	3.6	+	0	0	7	12	16	8	0	75	10	3	60
108	1	0.350	0.220	11.0	0.10	5.2	6.4	+	0	0	8	13	17	8	0	75	10	4	55
109	2	0.419	0.240	15.7	0.05	5.8	6.3	+	0	0	9	15	19	8	0	75	12	6	52
110	3	0.530	0.295	26.2	0.05	6.3	7.9	+	0	0	10	16	20	8	0	70	12	7	52
111	4	0.670	0.355	47.6	0.05	6.8	8.5	+	0	0	11	16	20	8	0	70	12	7	55
112	6	0.748	0.420	80.0	0.05	9.68	12.1	+	0	0	12	16	21	8	0	65	15	8	52
113	8	1.330	0.660	94.0	0.05	11.2	14.0	+	0	0	13	16	24	8	0	65	15	11	55
114	12	1.614	0.860	110.0	0.05	12.4	15.5	+	0	0	14	16	25	8	0	58	15	12	52
115	20	1.778	0.959	214.5	0.05	13.4	16.7	+	0	0	15	17	26	8	0	58	15	13	52

脉冲宽度：即逐个放电脉冲持续的时间，范围为 0～31。它是一个代号，并不表示真正的时间。脉宽取值大则效率高，损耗小，同时放电间隙也会增大。

脉冲间隙（脉间）：两个脉冲间无电流的时间，范围为 0～31。它是一个代号，并不表示真正的时间。较大的脉间会降低效率，增加放电的稳定性，脉间对放电间隙影响小。

管数：低压功率管数，它决定工作电流，对于 50A 电柜其值为 0～15，它并不表示真正的电流。管数控制加工峰值电流，每增加一个管数峰值电流的增加量并不相等，管数越大每增加一个管子增加的峰值电流愈大。峰值电流对加工效率的影响最大，对放电间隙的影响也很大。

伺服基准：加工时的平均间隙电压。相当于一个门槛电压，根据极间的放电电压控制电极的进退，值大加工稳定、效率降低。一般粗加工取值较小，精加工取值较大。

高压管数：高压管数为 0 时,两极间的空载电压为 100V,否则为 300V;管数为 0～3;每个功率管的电流为 0.5A。高压管数的选择一般在小面积加工时加工不动的情况下或精加工时加工不易打均匀的情况下选用。

电容：即在两极间回路上增加一个电容,用于非常小的表面或粗糙度要求很高的 EDM 加工,以增大加工回路间的间隙电压。

极性：放电加工时电极的极性有正极性和负极性两种。当电极为正时为正极性,电极为负时为负极性。成型机一般采用正极性加工,只有在窄脉宽加工时才采用负极性加工,如铜打钢超精表面加工,加工硬质合金等硬材料。还有当电极工件倒置时也采用负极性加工。正常情况下如果极性接反,会增大损耗,所以对要求用精较好的工具修整电极的地方,要采用负极性加工。

伺服速度：即伺服反应的灵敏度,其值在 0～20 之间。其值越大灵敏度越高。所谓反应灵敏指加工时出现不良放电时的抬刀快慢。

模式：它由两位十进制数字构成。00：关闭(OFF),用于排屑状态特别好的情况下;04：用在深孔加工或排屑状态特别困难的情况下;08：用在排屑状态良好的情况下;16：抬刀自适应,当放电状态不好时,自动减小两次抬刀之间的放电时间,这时,抬刀高度(UP)一定要不为零;32：电流自适应控制。例如：用 5° 的锥形电极加工 20mm 孔时,模式可以设为：$32+4+16=52$。

安全间隙：加工条件的安全间隙,为双边值。

放电间隙：加工条件的火花间隙,为双边值。

底面 R_a：加工条件的底面粗糙度。

侧面 R_a：加工条件的侧面粗糙度。

② 在实训教师指导下,完成电极的装夹、校正,工件的装夹、定位,然后分别用表 5-7(即铜打钢——最小损耗型参数表)中的条件 109 和 110 各自加工出图 5-46 所示的电极加工 10 分钟,观察结果,看能否达到所要求的尺寸。

③ 在理解上述内容的基础上,根据加工的结果填写表 5-8。

表 5-8　不同加工条件对电火花加工影响情况对比表

项 目 ＼ 实训内容	用条件 109 加工零件	用条件 110 加工零件	对比结论
加工时间及加工速度			
表面粗糙度			
电极的相对损耗			

④ 在一般情况下,各种常见参数对电火花加工的影响见表 5-9。根据不同加工条件对电火花加工的影响情况对比表 5-7 及表 5-8,仔细体会脉冲宽度、脉冲间隔、峰值电流等对加工速度、表面粗糙度等的影响。

表 5-9 常用参数对工艺的影响

加工参数	加工速度	电极损耗	表面粗糙度值	备 注
峰值电流↑	↑	↑	↑	加工间隙↑
脉冲宽度↑	↑	↓	↑	加工间隙↑
脉冲间隔↑	↓	↓	○	加工稳定性↑
介质清洁度↑	中粗加工↓ 精加工↑	○	○	稳定性↑

注:○表示影响较小,↓表示降低或减小,↑表示增大。

实训 15 　电极的设计实训

1. 实训目的
进一步熟悉电极的设计方法。

2. 实训设备
电火花成形加工机床。

3. 实训内容
(1) 设计图 5-47(a)所示型腔的电极尺寸。

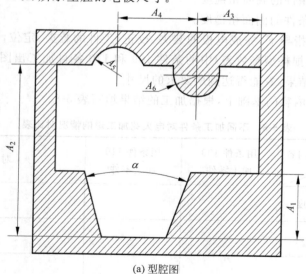

(a) 型腔图

图 5-47 型腔、电极水平尺寸

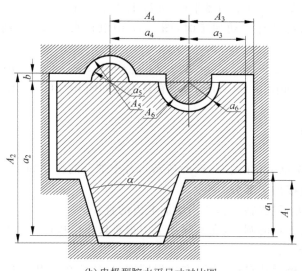

(b) 电极型腔水平尺寸对比图

图 5-47(续)

电极的设计主要确定电极的水平尺寸,其要点是确定电极横截面尺寸 a 相对于加工零件横截面尺寸 A 的缩放量 Kb。其中可用下式确定:

$$a = A \pm Kb \qquad (5\text{-}3)$$

式中,a——电极水平方向的尺寸;

A——型腔的水平方向的尺寸;

K——与型腔尺寸标注法有关的系数;

b——电极单边缩放量。

在没有平动加工的情况下:

粗加工时,$b = M/2 = \delta_1 + \delta_2 + \delta_0$(注:$\delta_1$,$\delta_2$,$\delta_0$ 的意义参见图 5-22,M 为安全间隙值)。

精加工时,$b = \delta_0$(如果工件加工后需要抛光,那么在水平尺寸的确定过程中需要考虑抛光余量等再加工余量)。

式(5-3)中的 ± 号和 K 值的具体含义如下:

① 凡图样上型腔凸出部分,其相对应的电极凹入部分的尺寸应放大,即用"+"号;反之,凡图样上型腔凹入部分,其相对应的电极凸出部分的尺寸应缩小,即用"-"号。

② K 值的选择原则:当图中型腔尺寸完全标注在边界上(即相当于直径方向尺寸或两边界都为定形边界)时,K 取 2;一端以中心线或非边界线为基准(即相当于半径方向尺寸或一段边界定形、另一端边界定位)时,K 取 1;对于图中型腔中心线之间的位置尺寸(即两边界为定位尺寸)以及角度值和某些特殊尺寸(如图 5-47 中的 a_1),电极上相对应

的尺寸不增不减,K 取 0。对于圆弧半径,亦按上述原则确定。

根据以上叙述,在没有平动加工时,图 5-47 中电极尺寸 a 与型腔尺寸 A 间有如下关系:

$$a_1 = A_1;\ a_2 = A_2 - 2b;\ a_3 = A_3 - b;\ a_4 = A_4;\ a_5 = A_5 - b;\ a_6 = A_6 + b$$

(2) 已知某零件如图 5-48(a)所示,现有其毛坯如图 5-48(b)所示,试设计加工该零件的精加工电极。

设计要点如下:

① 结构设计

该电极共分 4 个部分(如图 5-48(d)所示),各个部分的作用如下:

1—该部分为直接加工部分。

2—电极细长,为了提高强度,适当增加电极的直径。

3—因为电极为细长的圆柱,在实际加工中很难校正电极的垂直度,故增加部分 3,其目的是方便电极的校正。

另外,由于该电极形状对称,为了方便识别方向,特意在本电极的部分 3 设计了 5mm 的倒角。

4—电极与机床主轴的装夹部分。该部分的结构形式应根据电极装夹的夹具形式确定。

② 尺寸分析

长度方向尺寸分析:该电极的实际加工长度只有 5mm,但由于加工部分的位置在型腔的底部,故增加了尺寸(如图 5-48(c)所示)。

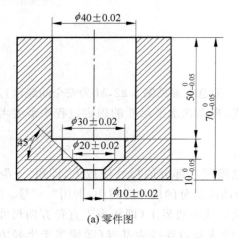

(a) 零件图

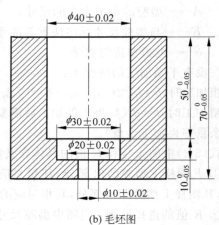

(b) 毛坯图

图 5-48　电极的设计

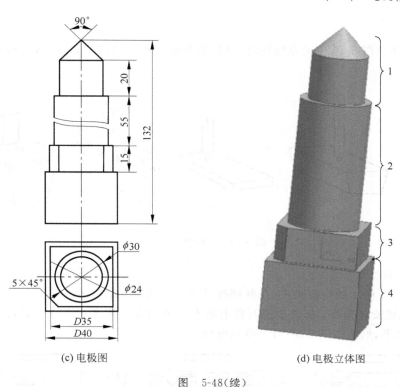

(c) 电极图　　　　　　　　　　(d) 电极立体图

图 5-48(续)

横截面尺寸分析：该电极加工部分是一锥面,故对电极的横截面尺寸要求不高；为了保证电极在放电过程中排屑较好,电极的结构中部分 2 直径不能太大。

③ 材料选择

由于加工余量少,采用紫铜作电极。

实训 16　电极的装夹实训

1. 实训目的
掌握电极的装夹、校正方法及工件的校正方法。

2. 实训设备
电火花成形加工机床。

3. 实训内容
（1）电极的装夹

① 在实训教师的指导下,将电极装夹在电极夹头上,结合本章理论知识,体会电极的

装夹方法。

　　② 仔细体会图 5-49 中的电极固定实例,思考哪几种电极固定较好,哪几种电极固定不好?

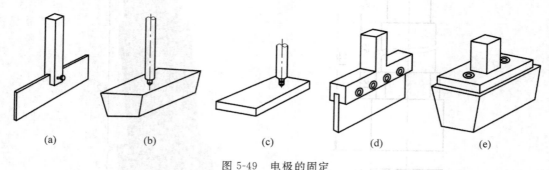

(a)　　　　　　(b)　　　　　　(c)　　　　　　(d)　　　　　　(e)

图 5-49　电极的固定

　　(2) 电极的校正

　　参照图 5-31 所示的电极夹头,在教师指导下学生动手分别旋转部件 1,2,3,观察部件 1 能否调整电极旋转角度;部件 2 能否将电极左右方向调整水平;部件 3 能否将电极前后方向调整水平,然后按图 5-50 所示校正电极。

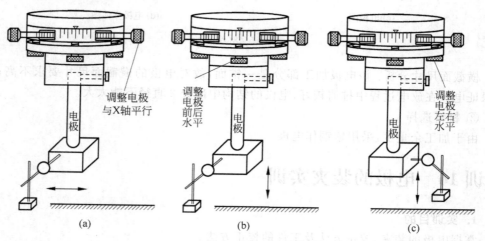

(a)　　　　　　　　　(b)　　　　　　　　　(c)

图 5-50　电极的校正

　　(3) 工件的校正

　　在电火花加工时,一般要使工件的基准面与机床的 X 或 Y 轴平行。按照图 5-51 所示校正工件,具体操作为:首先将百分表固定在电极夹头上;然后按照图 5-51,移动机床工作台,通过观察百分表的指针,将工件校正,确保基准面与 X 或 Y 轴平行。

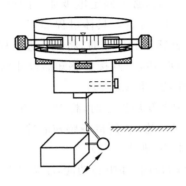

图 5-51 工件的校正

实训 17 电极的定位实训

1. 实训目的

掌握电极的定位方法。

2. 实训设备

电火花成形加工机床。

3. 实训内容

(1) 找工件的中心(如图 5-52 所示),即将电极定位于工件的中心。

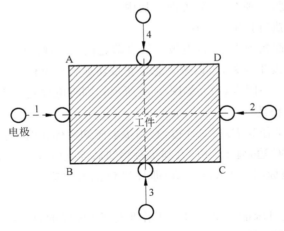

图 5-52 找工件的中心

当电极和工件正确装夹校正后,必须确定电极加工的位置。在实际操作中,电极通常运用接触感知功能获得正确的加工位置。具体过程如下:

① 电极碰 AB 边,直到接触感知后停止时,将 AB 边坐标清零;

② 将电极移到 DC 边,碰 DC 边,直到接触感知后停止时,记下当前坐标的 X_{DC} 值;

③ 将电极移到 X 方向的中心(即 $X_{DC}/2$);

④ 电极碰 BC 边,直到接触感知后停止时,将 BC 边坐标清零;

⑤ 将电极移到 AD 边,碰 AD 边,直到接触感知后停止时,记下当前坐标的 Y_{AD} 值;

⑥ 将电极移到 Y 方向的中心(即 $Y_{AD}/2$)。

目前大多数控机床具有自动找内、外中心功能,不需要按照上面步骤进行操作。如找外中心的过程为:

① 通过数控盒将电极大致移到工件的中心。

② 进入显示器上找外中心的操作界面。

③ 根据操作界面提示输入 X 向行程或 Y 向行程,并输入值。

注意:在输入数值时 X 向行程是在 X 轴方向上快速移动的距离,应大于工件在 X 方向长度的一半与电极在 X 向的半径之和(考虑到电极在找中心前并不在工件的中心,该值要稍微取大些)。因为电极根据该值自动快速移向 X+ 或 X- 方向,然后电极下降,准备在 X 方向进行感知。若电极在 X 向行程不够,则电极下降前仍在工件的上方,这会造成电极与工件碰撞,而损坏电极和工件。同理,在输入数值时 Y 向行程是在 Y 轴方向上快速移动的距离,应大于工件在 Y 方向长度的一半与电极在 Y 向的半径之和。

④ 根据操作界面的提示输入 Z 轴向下移动的距离值。

⑤ 选择感知速度,分别在 X、Y 方向上找中心。

⑥ 按下回车键,执行找中心操作。

⑦ 当 X,Y 方向都找到中心后,电极一般自动定位于工件的中心上方 1mm 处。

在找中心时如果发生意外,可以按紧急停止按钮或暂停键停止当前操作。

(2) 找工件上的某一固定点 O(如图 5-53 所示),即将电极定位于工件的某一固定点。该操作的具体过程是:

① 电极(设电极半径为 R)碰 AB 边,直到接触感知后停止时,将 AB 边坐标清零;

② 将电极移到 BC 边,碰 BC 边,直到接触感知后停止时,将 BC 边坐标清零;

③ 将电极移到坐标($100+R,80+R$)即找到 O 点的位置。

注意:

① 现在的电火花机床都提供了多个工作坐标系(可以通过 G54,G55 等设定),一般情况下只用一个坐标系。提供多坐标系的目的有两个:一是重复记忆,主要是为了防止误操作丢掉加工原点。由于当前选定的工作坐标系原点通过"置零"操作可以改变,而不

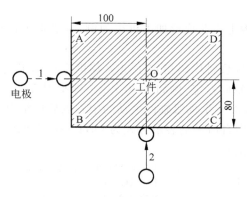

图 5-53 找工件上固定点

是当前工作坐标系的坐标原点不会因误置零操作而变为零,所以加工前把找正好的点记入两个以上的坐标系中就起了一个安全作用。例如一个工件找正完后,把 G54 坐标系置零,同时把 G55 也置零,当在 G54 中出现误操作丢掉坐标原点后,回到 G55 中还可以找到加工起点。二是坐标系嵌套,即在一个程序中采用多个工作坐标系记忆多个工作起点。例如一个加工部位换电极后要保证加工在同样的地方,则需在加工前分别用这两个电极找正加工零件,用两个坐标系记忆各自电极的加工起点。

② 电极在进行接触感知时,电极与工件基准面必须保持清洁,避免有加工毛边、切屑、放电粉屑或加工液等附着物。否则,会影响电极定位的精度。

③ 在实际定位时,特别在加工较精密的零件时,要采用重复定位,至少保证最后两次的位置在许可的误差范围内。

思考 G54,G55 坐标能否分别记忆最后两次找正的坐标位置,从而比较最后两次的定位误差。如果可以,试详细写出其过程(最好用 G 代码来说明操作过程)。

实训 18   电火花加工实例实训

1. 实训目的
① 掌握电火花加工过程;
② 进一步熟练掌握手工编制,识读电火花加工 ISO 程序。

2. 实训设备
电火花成形加工机床。

3. 实训预备知识

本书以北京阿奇数控电火花成形加工机床为例,本实训中出现的不常用的代码含义如下:

① G30,G31,G32:该系列代码指定了电火花机床在加工过程中的抬刀方式,其中G30 指定抬刀方向,后接轴向指定,例如"G30 Z+",即抬刀方向为 Z 轴正向;G31 表示按加工路径的方向抬刀;G32 表示伺服轴回平动的中心点后再抬刀。

② 电火花成形加工中自由平动表示方式为 OBT *** STEP ****,其具体含义为:

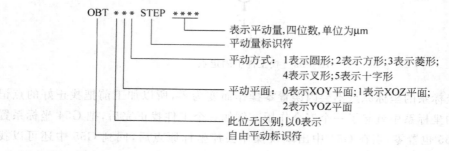

4. 实训内容

(1) 认真阅读下列程序,指出该程序的加工内容。

```
T84;                    /开油泵
G54 G90 G92 X0 Y0 Z1.0; /选工作坐标,设加工起点
G30 Z+;                 /指定抬刀方向
G00 Z0.5;               /快速定位电极至工件表面 0.5mm 的地方
C109;                   /选取加工条件
G01 Z-2.8;              /沿 Z-方向加工 2.8mm 深
M05 G00 Z0.5;           /忽略感知、快速抬起电极至距工件表面 0.5mm 的高度
C106;                   /换加工条件为 C106
G01 Z-3;                /换条件后向下加深一点深度
M05 G00Z1.0;            /忽略感知、快速抬起电极至距工件表面 0.5mm 的高度
T85 M02;                /关油泵,程序结束
```

(提示:该程序是用 C109,C106 两个条件加工一个孔,首先用 C109 的加工条件加工到 2.8mm,再用 C106 的加工条件加工到 3mm。)

(2) 现有 50×50×20(mm) 的毛坯,试设计电极,用电火花加工出图 5-54 所示的零件。

(3) 现有 50×50×20(mm) 的毛坯,试设计电极,用电火花加工出图 5-55 所示的零件,并指出加工中的注意事项。

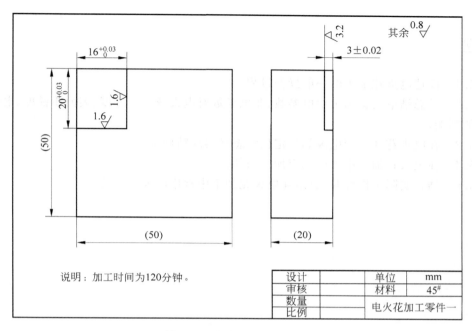

图 5-54 电火花加工零件图

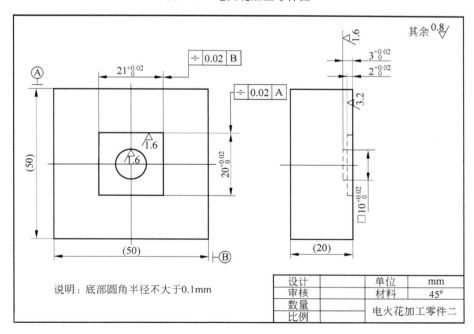

图 5-55 电火花加工零件图

习题

5.1　简述电火花加工的一般操作过程。

5.2　试总结电火花加工中电参数、非电参数对电火花加工速度、表面粗糙度、电极损耗等的影响。

5.3　在电火花加工中电极如何定位？怎样实现精确定位？

5.4　在电火花加工中如何选定加工条件？

5.5　结合实际工作经验,总结在电火花加工中常用的加工技巧。

第 6 章

安全操作规程

6.1　电火花机床安全操作规程

电火花加工是利用电能产生的热来去除在工作液中的金属工件,在加工中存在的主要危害有:

① 用电危害。电火花加工时工具电极等裸露部分有 $100\sim300V$ 的高电压,可能对机床操作人员造成电击等事故,另外高频脉冲电源工作时向周围发射一定强度的高频电磁波,若人体离得过近,或受辐射时间过长,会影响人体健康。

② 火灾。电火花机床所用的工作液为易燃品,在放电加工中会产生爆炸性气体或烟雾,故存在发生火灾或爆炸的可能性。

③ 环境污染。放电加工过程中,可能会产生有毒气体或烟雾,污染机床周围的空气,危害操作者等机床附近员工的身体健康,同时放电加工过程所产生的废物(如用过的工作液、沉积在工作液中的金属等)都属于特种废物,若直接倒入地下水道,则会污染土壤及地下水。

为了人身、设备安全,保护环境,在使用电火花机床中,必须严格按照机床使用手册操作机床,在通常情况下必须遵守电火花机床安全规程和操作规程。

1. 安全规程

(1) 电火花机床应设置专用地线,使电源箱外壳、床身及其他没备可靠接地,防止电气设备绝缘损坏而发生触电。

(2) 操作人员必须站在耐压 $20kV$ 以上的绝缘物上进行工作,加工过程中不可碰触电极工具。操作人员不得离开工作时的电火花机床。

(3) 经常保持机床电气设备清洁,防止受潮,以免降低绝缘强度而影响机床的正常工作。

（4）加添工作介质煤油时，不得混入类似汽油之类的易燃物，防止火花引起火灾。油箱要有足够的循环油量，使油温限制在安全范围内。

（5）放电加工时，工作液面要高于工件一定距离（30～100mm），但必须避免浸入电极夹头。如果液面过低，加工电流较大，则很容易引起火灾。为此，操作人员应经常检查工作液面是否合适。图6-1为操作不当、易发生火灾的情况，要避免出现图中的错误。还应注意，在火花放电转成电弧放电时，电弧放电点局部会因为温度过高而造成工件表面向上积炭结焦，愈长愈高，主轴跟着向上回退，直至在空气中放火花而引起火灾。对这种情况，即使液面保护装置也无法防止。为此，除非电火花机床上装有烟火自动监测和自动灭火装置，否则，操作人员不能较长时间离开。

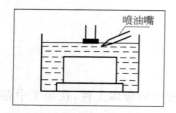

(a) 电极和喷油嘴间相碰引起火花放电

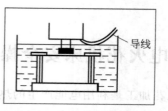

(b) 绝缘外壳多次弯曲意外破裂的导线和工件夹具间火花放电

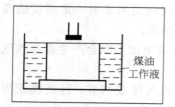

(c) 加工的工件在工作液槽中位置过高

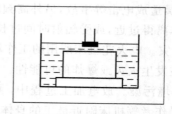

(d) 在加工液槽中没有足够的工作液

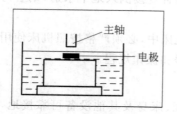

(e) 电极和主轴连接不牢固、意外脱落时，电极和主轴之间火花放电

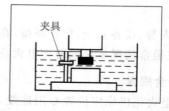

(f) 电极的一部分和工作夹具间产生意外放电，并且放电又在非常接近液面的地方

图 6-1　意外发生火灾的情况

（6）根据煤油的浑浊程度，要及时更换过滤介质，并保持油路畅通。

（7）电火花加工车间内，应有抽油雾、烟气的排风换气装置，保持室内空气良好而不被污染。

（8）机床周围严禁烟火，并配备适用于油类的灭火器，最好配备自动灭火器。好的自动灭火器具有烟雾、火光、温度感应报警装置，并能自动灭火，比较安全可靠。若发生火灾，应立即切断电源，并用四氯化碳或二氧化碳灭火器吹灭火苗，防止事故扩大化。

（9）电火花机床的电气设备应设置专人负责，其他人员不得擅自乱动。

（10）下班前应关断总电源，关好门窗。

2．操作规程

（1）应接受有关劳动保护、安全生产的基本知识和现场教育，深刻理解本职的安全操作规程的重要意义。

安装电火花加工机床前，应选择好合适的安装和工作环境，要有抽风排油雾、烟气的条件。安装电火花机床的电源线，应符合表 6-1 的规定。

表 6-1　安装电火花加工机床的电线截面

机床电容量/(kV·A)	2～9	9～12	12～15	15～21	21～28	28～34
电线截面尺寸/mm²	5.5	8.0	14.0	22.0	30	38

（2）坚决执行岗位责任制，做好室内外环境安全卫生，保证通道畅通，设备物品要安全放置，认真搞好文明生产。

（3）熟悉所操作机床的结构、原理、性能及用途等方面的知识，按照工艺规程做好加工前的一切准备工作，严格检查工具电极与工件是否都已校正和固定好。

（4）调节好工具电极与工件之间的距离，锁紧工作台面，启动工作液油泵。使工作液面高于工件加工表面一定距离后，才能启动脉冲电源进行加工。

（5）加工过程中，操作人员不能对系统进行维修或更换电极，也不能一手触摸工具电极，另一只手触碰机床（因为机床是连通大地的），这样将有触电危险，严重时会危及生命。如果操作人员脚下没有铺垫橡胶、塑料等绝缘垫，则加工中不能触摸工具电极。

（6）为了防止触电事故的发生，必须采取如下的安全措施：

① 应建立各种电气设备的经常与定期的检查制度，如出现故障或与有关规定不符合时，应及时加以处理。

② 维修机床电器时，应拉开电闸，切断电源，尽量不要带电工作，特别是在危险场所（如工作地点很狭窄，工作地周围有对地电压在 250V 以上的裸露导体等）应禁止带电工作。如果必须带电工作时，应采取必要的安全措施（如站在橡胶垫上或穿绝缘胶靴，附近的其他导体或接地处都应用橡胶布遮盖，并需有专人监护等）。

（7）加工完毕后，随即关断电源，收拾好工、夹、测、卡等工具，并将场地清扫干净。

（8）操作人员应坚守岗位，思想集中，经常采用看、听、闻等方法注意机床的运转情况,发现问题要及时处理或向有关人员报告。不得允许杂散人员擅自进入电加工室。

(9) 定期做好机床的维修保养工作,使机床经常处于良好状态。

(10) 在电火花加工场所,应确定安全防火人员,实行定人、定岗负责制,并定期检查消防灭火设备是否符合要求,加工场所不准吸烟,并要严禁其他明火。

6.2 线切割机床安全操作规程

为了保证操作者的人身安全,保证设备安全,操作者必须严格遵守线切割机床安全操作规程。

1. 高速走丝线切割机床安全操作规程

(1) 开机前按机床说明书要求,对各润滑点加油。

(2) 按照线切割加工工艺正确选用加工参数,按规定的操作顺序操作。

(3) 用手摇柄转动贮丝筒后,应及时取下手摇柄,防止贮丝筒转动时将手摇柄甩出伤人。

(4) 装卸电极丝时,注意防止电极丝扎手。卸下的废丝应放在规定的容器内,防止造成电器短路等故障。

(5) 停机时,要在贮丝筒刚换向后尽快按下停止按钮,以防止贮丝筒启动时冲出行程引起断丝。

(6) 应消除工件的残余应力,防止切割过程中工件爆裂伤人。加工前应安装好防护罩。

(7) 安装工件的位置,应防止电极丝切割到夹具;应防止夹具与线架下臂碰撞;应防止超出工作台的行程极限。

(8) 不能用手或手持导电工具同时接触工件与床身(脉冲电源的正极与地线)以防触电。

(9) 禁止用湿手按开关或接触电器部分。防止工作液及导电物进入电器部分。发生因电器短路起火时,应先切断电源,用四氯化碳等合适的灭火器灭火,不准用水灭火。

(10) 在检修时,应先断开电源,防止触电。

(11) 加工结束后断开总电源,擦净工作台及夹具并上油。

2. 低速走丝线切割机床安全操作规程

(1) 操作者必须经过技术培训才能上机操作。

(2) 安装好所有的安全保护盖、板后才能开始加工。

(3) 在加工中接触电极丝(包括废丝)会发生触电,同时接触电极丝和机床会发生短路。因此,必须装上或关上所有的防护罩后才能开始加工。打开防护罩或门时需中断加工。

　　(4) 选择合理的工作液喷流压力以减小飞溅,加工时需装上挡水盘,围好挡水帘。

　　(5) 禁止用湿手按开关或接触电器部分。防止导电物进入电器部分,以免触电或造成电气故障。

　　(6) 在检修时应先断开电源,防止触电。

　　(7) 加工结束后断开总电源。

习题

　　6.1　结合身边的电火花机床,说明在加工中应如何注意安全。

　　6.2　结合身边的线切割机床,说明在加工中应如何注意安全。

参考文献

1　黄宏毅,李明辉主编. 模具制造工艺. 北京：机械工业出版社,2000

2　北京市金属切削理论与实践编委会. 电火花加工. 北京：北京出版社,1980

3　赵万生主编. 电火花加工技术. 哈尔滨：哈尔滨工业大学出版社,2000

4　刘晋春等主编. 特种加工. 北京：机械工业出版社,1999

5　明兴祖主编. 数控加工技术. 北京：化学工业出版社,2003

6　刘雄伟主编. 数控机床操作与编程训练教程. 北京：机械工业出版社,2001

7　《塑料模具技术手册》编委会编. 塑料模具技术手册. 北京：机械工业出版社,1997

8　卢存伟编著. 电火花加工工艺学. 北京：国防工业出版社,1988

9　中国机械工程学会电加工学会编. 电火花加工技术工人培训、自学教材. 修订版. 哈尔滨：哈尔滨工业大学出版社,2000

10　模具实用技术丛书编委会编. 模具制造工艺装备及应用. 北京：机械工业出版社,1999

11　北京阿奇夏米尔工业电子有限公司线切割机. 电火花机床说明书

12　沙迪克机电有限公司线切割机床说明书

13　《电子工业生产技术手册》编委会. 电子工业生产技术手册(通用工艺卷). 北京：国防工业出版社,1989

14　赵万生主编. 特种加工技术. 北京：高等教育出版社,2001

15　张钦隆编译. 刻模线放电加工手册. 台湾：机械技术出版社,1996

16　张渭川编译. 放电加工的结构与实用技术. 台湾：全华科技图书股份有限公司出版,2001

17　李忠文编著. 电火花机和线切割机编程与机电控制. 北京：化学工业出版社,2004

18　董光雄编著. 放电加工. 台湾：复文书局,2002

19　周旭光等编著. 特种加工技术. 西安：西安电子科技大学出版社,2004

20　俞容亨著. YH 线切割自动编程系统使用说明书. 苏州：苏州市开拓电子技术有限公司,1998

21　邱建忠等编著. CAXA 线切割 V2 实例教程. 北京：北京航空航天大学出版社,2002